KB072625

미국 언어치료사 지니쌤의 재밌는 영어놀이

미국에서 더 유명한
0~5세 처음 영어

미국 언어치료사 지니쌤의 재밌는 영어놀이

미국에서 더 유명한
0~5세 처음 영어

황진이 지음

길벗

"처음 영어, 아이가 영어에 빠져들기만 하면 됩니다."

많은 부모님이 아이가 공부와 친해지기를 바랍니다. 공부와 친해지는 가장 좋은 방법이 있습니다. 아이가 공부를 하는지 모르는 상황을 만들어주는 겁니다. 영어를 처음 배울 때도 이 전략을 사용하는 것이 가장 좋습니다. 아이가 영어를 공부한다는 인지 없이 부모와 놀면서, 생활하면서 영어에 대한 감각을 습득하게 되면 거부감 없이 영어를 배울 수 있습니다.

2~5세는 언어 습득의 최적기입니다. 그래서 이 시기에는 많은 인풋도 중요하지만, 아이가 영어에 편안하고 좋은 감정을 갖게 하는 것이 가장 중요합니다. 반면 가장 나쁜 것은 '네 영어가 이상해', '넌 영어를 못해' 같은 부정적인 평가를 통해 영어에 두려움을 갖는 겁니다. 아이가 영어를 긍정적으로 받아들이기 위한 가장 좋은 방법은, 아이가 가정에서 편하게 영어를 접하는 것입니다. 그러면 아이는 한두 마디라도 영어로 말하고 싶어 합니다.

아이는 평생 공부하며 살아가게 될 겁니다. 저는 본격적으로 책상 앞에 앉기 전, 학습할 수 있는 뇌가 자라기 전, 즉 영유아기에는 공부 감각을 키워주는 게 중요하다고 봅니다. 공부에 대한 탐구심, 호기심, 자신감 등 평생 공부를 하기 위한 기초 체력을 키워주는 것이 우선입니다. 이 시기에는 결국 놀이가 공부입니다. 놀고, 체험하고, 느끼게 하는 것이 부모가 해줄 일입니다. 아이가 부모와 함께 놀면서 자기도 모르게 영어와 친해지게 해주세요.

그런 점에서 미국식 놀이치료 노하우가 담긴 이 책은 아이가 평생 사용할 영어의 기초 체력, 영어 감각을 만들어주는 가장 확실하고도 명확한 방법이 담겼습니다. 처음 영어 교육을 시작하는 부모들에게 강력 추천합니다.　　　**- 조지은(언어학자, 옥스퍼드대학 교수)**

미국 언어치료사인 저자는 이중언어에 대한 깊고 탄탄한 이해 위에 다양한 언어와 문화를 접한 본인의 살아 있는 경험을 얹어 현실에서 바로 적용 가능한 방법을 전달합니다. 무엇보다 두 아이 엄마의 사랑이 담긴 영어놀이는 아이와 엄마 모두 즐거운 소통을 중심으로 언어를 쌓아갈 수 있는 기회를 제공하고 있어 무척이나 반가운 마음입니다. 이 책은 아이의 영어 실력을 키워줄 뿐 아니라 부모와 아이가 서로를 더 잘 이해하고 건강한 관계를 맺도록 도와주는 선물 같은 한 권이 될 것입니다.

-최서윤(유로맘, 아이 중심 엄마표 영어 유로스쿨 대표)

영어 문장들이 읽기 쉽게 쓰여 있어요. 언어치료사 관점의 특별 노하우는 물론, 미국 부모와 한국 부모의 문화 차이도 흥미로웠습니다. **- 6세 아이 엄마**

영어를 잘 못하는 부모일수록 엄마표 영어가 필요하다고 생각해요. 부모가 아이와 같이 부딪히며 실수도 하고, 또 함께 성장하는 과정을 통해 영어에 대한 긍정적 정서를 심어줄 수 있으니까요. 미국 아이들이 하는 놀이라고 해서 걱정했는데 오히려 간단한 놀이들이 많아서 오늘부터 바로 시작해도 좋을 것 같아요. **- 3세 아이 엄마**

아이의 말문을 터트리려면 영어는 명사부터, 한국어는 동사부터 시작해야 하는군요. 이 외에도 영어와 한국어를 배울 때 접근하는 방식을 달리 해야 한다는 것을 이 책을 통해 처음 알았습니다. 영유아기 영어 노출을 학습으로만 생각했던 것이 조금 후회되네요. 처음 영어는 아이가 좋아하는 놀이로 쉽고 재미있게 다가가는 것이 훨씬 도움될 것 같습니다. 이제 막 아이의 영어 교육을 시작한 후배 엄마들에게 강력 추천하고 싶은 책입니다. **- 초4 아이 엄마**

아이의 영어 말문이 터지는
결정적 순간을 놓치지 마세요

저의 독특한 유년 시절을 소개할게요. 어린 시절 아버지를 따라 미국, 일본 등 여러 나라를 오가며 새로운 언어와 문화를 경험했습니다. 돌 즈음부터 5세 전, 즉 '언어발달의 황금기'라 불리는 영유아 시기는 미국에서 보냈죠. 가정에서는 한국어, 가정 밖 외부 환경에서는 영어에 노출되는 시기였습니다. 초등학교 저학년 때는 일본에서 소학교와 국제학교를 다녔습니다. 한마디로 한국어, 일본어, 영어 3개 국어를 사용하는 환경에 놓였었지요. 그러다 초등학교 5학년이 끝날 무렵 한국으로 돌아와 중학교를 마치고, 다시 미국으로 건너가 고등학교를 다녔습니다. 이력 상으로는 무척 화려해 보이지만, 막상 그 시기를 거치는 동안 저는 끊임없이 새로운 언어와 문화를 익히는 것이 버겁고 힘들었어요. 미국 고등학교에 입학할 당시 사실 영어를 잘하지 못했거든요.

그렇지만 나름의 최선을 다한 결과 미국 대학에서 언어병리학을 공부하게 됐습니다. 그때 이중언어에 관한 한 연구 결과를 만났지요.

캐나다 몬트리올 연구진은 만2세 이전 중국에서 몬트리올로 입양된 아이들을 대상으로 연구를 실시했습니다. 중국어를 모국어로 사용하는 환경에 있던 아이들 중 몬트리올로 입양된 후 프랑스어만 사용하며 자란 아이들에게 다양한 중국어 성조를 들려주었죠. 그리고 태어날 때부터 프랑스어만 유일하게 듣고 자라난 아이들과 프랑스와 중국어를 모두 사용하는 이중언어 환경 아이들의 두뇌 활동을 함께 관찰했습니다. 그 결과, 생후 2년도 안 되어 중국에서 입양된 아이들은 중국어를 수십 년간 듣지 않고 자라났음에도 불구하고 프랑스어만 배우며 자란 아이들의 두뇌 반응이 아닌 프랑스어와 중국어를 함께 습득하며 자란 아이들과 유사한 두뇌 활동을 보였다고 합니다.[1]

이 연구 결과는 생후 초기에 자극된 언어의 흔적이 수십 년간 두뇌 어딘가에 남아 있다는 점을 시사합니다. 그뿐만이 아니에요. 만 2세 전에 입양된 아이들이 입양되기 전에 사용했던 언어를 커서 다시 학습할 때 해당 언어를 처음 접하는 사람들에 비해 조금 더 빨리 학습한다는 일부 연구도 있죠.[2,3]

---

1   Pierce, L. J., Klein, D., Chen, J. K., Delcenserie, A., & Genesee, F. (2014). Mapping the unconscious maintenance of a lost first language. Proceedings of the National Academy of Sciences of the United States of America, 111(48), 17314–17319.

2   Choi, Jiyoun & Broersma, Mirjam & Cutler, Anne. (2017). Early phonology revealed by international adoptees' birth language retention. Proceedings of the National Academy of Sciences. 114. 10.1073 / PNAS. 1706405114.

3   Norrman, G., Bylund, E., & Thierry, G. (2022). Irreversible specialization for speech perception in early international adoptees. Cerebral cortex (New York, N.Y. : 1991), 32(17), 3777–3785.

저 또한 숨어 있던 언어의 흔적을 발견했습니다. 어릴 때 영어에 노출된 경험이 당시에는 효과가 없다고 생각했었는데, 시간이 지나 다시 영어에 접근했을 때 빠르게 학습되는 걸 느꼈거든요. 언어와 문화에 익숙해진 덕분에 다시 영어를 배우는 것이 즐겁고 자신 있었지요. 어릴 적 경험이 제 삶에 큰 자산이 된 만큼 훗날 내 아이에게도 소중한 자산을 선물하겠노라 다짐했습니다.

그리고 얼마 뒤 아이가 태어났습니다. 사실 직접 아이를 키우기 전에는 치료사 입장에서 부모교육을 실시했습니다. 언어발달에 도움이 되는 효과적인 전략에만 집중했지요. 그런데 현실 육아를 경험해 보니 이론과는 다르더군요. 육아는 부모의 계획대로 흘러가지 않으며, 정답도 없다는 사실을 깨달았습니다. 미국에서 생활하기 때문에 아이의 이중언어 환경을 유지하는 게 쉬울 것 같았지만 그렇지 않더군요. 가정에서 한국어만 사용하는 아이들이 미국 어린이집에 적응하는 것이 쉽지 않다는 사실도 뼈저리게 느꼈습니다. 한창 표현력이 무럭무럭 자라나는 시기에 또래와 같은 속도로 영어를 구사하지 못했거든요. 내향적인 성격의 첫째 아이는 하고 싶은 말을 다 표현하지 못하다 보니 답답해하기도 했습니다.

태생적으로 아이들은 이중(다중)언어를 습득하는 능력을 충분히 지니고 있다는 것을 알면서도 혹여 이중언어 환경 때문에 아이가 불편함을 느끼거나 불이익을 경험하지는 않을까 노심초사하는 부모들의 마음을 이해하게 되었습니다. 이때 아이에게 언어를 가르쳐야 한다는 부모의 열정이 과해지면 아이의 발달과 정서를 고려하지 않는 주입식 학습의 함정에 빠지게 된다는 것도 알았지요.

미국에서 언어발달이 느린 아이들의 입을 틔워줄 학습법을 고민하고 현장에서 직접 부딪치며 다시 한 번 깨달았습니다. 아이들은 스스로 필요하다고 느끼는 만큼 언어를 습득한다는 사실이지요. 영어든 한국어든 아이에게 언어 습득의 동기를 심어주기 위해서는 부모의 의식적이고 꾸준한 노력이 필요합니다. 언어를 가르치려는 노력이 아니라 언어를 좋아하고 배우고 싶어지도록 동기를 심어주는 노력이지요.

아이들은 놀 때 가장 즐거워합니다. 그중에서 부모와 함께 놀이하는 것을 가장 좋아하지요. 처음 영어를 배우기 시작하는 아이들에게 미국 아이들이 가장 좋아하는 놀이를 권하는 이유도 바로 이 때문입니다. 언어치료 첫 수업 때는 무발화였던 아이가 영어 놀이를 통해 말문이 빵~ 하고 터진 순간, 기쁨으로 가득 찼던 부모님의 표정이 떠오릅니다.

이 책은 부모와 아이가 편안하고 즐거운 소통을 할 수 있도록 이끌어줄 훌륭한 동기가 되어줄 것입니다. 0~5세에 처음 시작한 부모와의 즐거운 소통 경험과 그 흔적이 훗날 아이들의 영어 자신감으로 이어지길 바랍니다.

CONTENTS

무발화에서 발화로

낱말에서 문장으로

③ 문장에서 이야기로

PART
3

지니쌤, 이것이 궁금해요
언어발달과 이중언어 Q&A

부록

PART 1

미국 아이처럼
리얼하게 영어 말문을
터트리려면

01
미국 아이도
놀면서 자란다

24개월 된 태형이는 한국에서 태어났어요. 한국어가 모국어인 부모님 사이에서 자라며 줄곧 한국어에만 노출된 아이입니다. 부모님은 아이가 자기 생각을 영어로 자유롭게 표현하길 바라는 마음에 집에서 조금씩 영어를 들려주기 시작했어요. 그런데 이미 일상 속 한국어에 익숙해지고 하고 싶은 말을 두세 단어로 표현할 수 있게 된 태형이는 낯선 영어 표현에 거부감을 드러내며 한국어로만 소통하고 싶어 합니다.

비슷하지만 조금 다른 케이스가 있습니다. 25개월 된 지민이도 한국어가 모국어인 부모님 사이에서 한국어에만 노출됐지만 태어나 자란 환경은 미국입니다. 25개월까지 줄곧 가정 육아만 한 데다 유독 낯가림이 심해 데이케어daycare(미국 어린이집)라는 새로운 환경에 적응하지 못할까 봐 걱정이 된 부모님은 짧은 기간이나마 영어에 익숙해지도록 집에서 영어를 들려주었어요. 그런데 그때마다 지민이는 계속 짜증을 내거나 회피하며 한국어 사용을 고집합니다.

두 아이의 언어적 환경은 한국어가 모국어라는 점에서 같지만 사회 환경도, 영어 노출의 이유도 서로 다릅니다. 그럼에도 두 아이 모두 새로운 언어에 대해 비슷한 반응을 보이는 이유는 무엇일까요?

영유아기 아이들은 익숙한 것을 좋아합니다. 처음 언어를 배우는 과정 자체가 본인이 직접 경험하고 매일 반복되는 '일상'을 통해 이루어지지요. 밥 먹을 시간이 될 때마다 "맘마~ 맘마 먹자"라고 엄마가 내는 똑같은 소리를 듣고 밥을 먹는 루틴과 '맘마'라는 단어가 상응한다는 것을 배웁니다. 또 공을 향해 손을 뻗을 때마다 아빠가 항상 "공~?"이라고 표현하는 말을 듣고 동그랗고 굴러가는 사물의 이름이 '공'이라는 것을 배웁니다. 그런데 본인이 자신 있게 알고 있는 표현은 제쳐두고, 부모가 난데없이 새로운 표현으로 바꾸어 사용하니 낯설고 불편한 마음이 드는 게 당연하지요. 자연스럽게 상응하던 맥락들을 이해하는 방법부터 생각과 감정을 표현하는 것까지 모두 새로운 언어로 다시 배워야 한다는 부담감이 생기니까요. 아이가 성장하고 하나의 언어(한국어)에 익숙해진 뒤 새로운 언어를 사용하려고 하면, 다시 말해 두 언어 차이의 격차가 더 벌어진 후에는 새로운 언어에 대한 거부감이 더욱 커집니다.

아이들은 모두 부모와 소통하고 싶어 합니다. 그런데 익숙하지 않은 낯선 표현들이 그 소통을 가로막으니 불편할 수밖에요. 따라서 모국어가 아닌 새로운 언어로도 예전처럼 부모와 즐거운 소통이 가능하다는 것을 경험으로 깨닫게 해줘야 아이는 불편함과 거부감을 서서히 내려놓을 수 있습니다.

가지고 놀 줄 알아야 진짜 영어다

아이들을 영어의 세계로 가장 자연스럽게 이끄는 것은 무엇일까요? 바로 '놀이'입니다. 놀이의 구조화되고 반복적인 요소들은 익숙한 듯하면서도 일상과는 색다른 재미를 주기 때문에 새로운 표현에 대한 부담감을 줄여줍니다. 흥이 넘치는 노래나 손유희 또는 재미있는 책 읽기 등의 활동은 아이의 거부감이 적을 뿐만 아니라 쉽고 긍정적으로 언어를 받아들이게 하는 데 매우 유익하지요. 더 나아가 다양한 놀이 활동을 통해 즐겁게 주고받는 소통은 아이도 모르는 사이에 새로운 언어를 습득하도록 돕습니다.

언어는 소통 수단입니다. 부모와 아이 사이에 긍정적인 소통이 이루어진다면 그때 사용되는 언어는 그저 도구일 뿐이지요. 아이에게는 부모와 아이 서로 간의 마음을 효과적으로 연결할 수 있는 언어가, 또 현재 환경 속에서 세상을 이해하고 배워나가는 데 유익하고 의미 있는 소통의 언어가 필요합니다. 특히 영유아기 아이들의 언어는 애착과 유대감을 기반으로 얼마든지 풍성하게 발달해나갈 수 있기 때문에 긍정적인 소통 경험이 더욱 중요합니다.

영유아 시기는 다른 어떤 시기보다 놀이를 통해 세상을 깊고 넓게 배울 수 있습니다. 소근육, 대근육 등 신체 발달은 물론 정서발달, 사회성 발달 등도 놀이를 통해 무럭무럭 자라납니다. 이뿐만이 아닙니다. 정서적 유대감과 애착 관계가 형성되는 이 시기에 아이와 부모가 주고받는 상호작용은 훗날 아이의 언어발달에도 긍정적인 영향을 미칩니다. 아이와 활발하게 상호작용을 해보세요. 영유아 시기에 긍정적인 정서와 유대감 형성에 도움이 되는 놀이 시간을 충분히 갖는 것은 아이의 건강한 발달을 위해 부모가 해줄 수 있는 최고의 선물이 될 겁니다.

02
단일언어든 이중언어든
언어의 본질은 소통이다

가정마다 다양한 이유로 이중언어 환경을 선택합니다. 아이가 학업에 뒤처지지 않기를 바라는 마음, 보다 넓은 시야로 세상을 바라볼 수 있기를 바라는 마음에서이지요. 그리고 요즘같이 손끝 하나로 지구 반대편까지 연결되는 글로벌 시대에 더욱 다양한 기회와 정보를 아이 손에 쥐여주고 싶은 마음도 있을 겁니다.

이유가 어떻든 아이는 부모, 친구, 선생님 등 주변 환경과 소통하기 위해 언어를 배웁니다. 중고등학교 정규 교육과정에 영어와 제2외국어가 포함된 궁극적인 이유도 학생들이 다양한 언어로 더 넓은 세상과 소통할 수 있도록 하기 위해서니까요. 이중언어 환경에서도 언어 학습의 최종 목적은 소통입니다.

소통하기 위해서는 언어를 주고받는 상대가 반드시 필요합니다. 늘 일방적으로 듣기만 할 뿐 직접 상호작용할 기회가 없는 아이는 언어 능력이 균형 있게 발달하기 어렵습니다. 같은 영어권 국가에 살아도 소극적인 사람보다 서툴더라도 적극적으로 원어민과 자주 대화를 시도하는 사람이 영어를 더 빨리 배우는 이유도 이 때문입니다.

아이는 어떻게 말하게 될까?

이중언어 환경에서 제2언어를 습득하는 과정에는 일련의 단계가 있다고 학자들은 말합니다. 첫 번째 단계는 '가정 언어 사용 시기Home Language Use'로 상대방이 사용하는 언어와 상관없이 자신의 제1언어, 즉 모국어를 사용하는 짧은 기간을 말합니다. 그다음은 '무발화 시기Nonverbal Period'로 언어를 수용적으로 듣기만 하며 제2언어는 최소한으로 사용하는 기간입니다. (언어 및 사회적 환경에 따라 다르지만 꾸준히 이중언어 환경 속에 있다는 가정하에) 아이들은 몇 주에서 몇 달 동안 무발화 시기를 거칩니다. 특히 나이가 어리거나 제2언어의 노출 비율이 적은 환경일수록 이 기간은 더 길어지지요. 다행히 타인과 소통하는 환경에 있다면 아이는 표현에 자신감을 얻고 이 시기를 빨리 지나갈 수 있습니다. 소통 경험이 쌓이면 아이에게 언어를 배우고 사용하는 목적과 동기가 생기기 때문입니다. 그러고 나면 비로소 발화가 이루어지고, 점점 더 정확하고 풍성한 언어를 사용할 수 있게 됩니다. 즉, 초기 발화 단계에서 짧은 표현들을 통으로 모방하는 시행착오를 거쳐 점차 다른 사람과 소통을 주고받는 경험이 쌓이기 시작하면 아이는 스스로 문장을 형성하고 변형해 표현할 수 있는 단계에까지 이르게 됩니다.

다수의 언어학자들도 미디어를 통한 수동적인 노출보다 직접적인 상호작용이 영유아 시기에 언어를 습득하는 데 더욱 효과적이라고 보고합니다. 영유아 뇌 발달 연구의 선구자인 패트리샤 컬 박사는 이를 뒷받침하는 연구 결과를 발표했습니다. 영어가 단일언어인 9~10개월 아기들이 상호적·교육적인 영상으로 중국어에 노출됐을 때는 언어를 전혀 습득하지 못했지만, 직접적인 상호작용을 통해서는 유의미한 음운론적 습득이 이뤄졌습니다.[1] 실제 언어치료 현장에서 저도 이와 비슷한 현상을 자주 목격합니다. 영상을 시청하는 시간이 긴 아이들에게 부모와의 놀이를 통한 상호작용 시간을 늘려주자 언어발달이 눈에 띄게 향상했습니다.

취학 전 단일언어 및 이중언어 환경에 있는 아이들을 대상으로 한 또 다른 연구에 따르면, 책 읽어주기처럼 상호작용이 있는 활동과 아이의 어휘량은 상관관계를 보이는 반면 단순한 영상 노출은 아이의 어휘량에 별다른 영향을 미치지 않는다고 합니다.[2] 영유아기에 부모와 주고받는 대화, 즉 소통과 상호작용이 많으면 많을수록 아이의 사회정서와 언어발달 및 뇌 기능 발달에 미치는 영향이 크다는 연구 결과 또한 언어 학습 시 소통의 중요성을 뒷받침해줍니다.[3,4,5]

소통의 기회가 충분히 주어졌을 때 아이의 말문은 터집니다. 언어 이해를 돕는 충분한 맥락과 단서, 스스로 참여하고 싶게 만드는 동기를 만들어주세요. 이때 아이가 가장 믿고 의지할 수 있는 상대는 바로 부모입니다. 가정에서 부모와 아이

---

1 Kuhl, PK.,Tsao, FM. and Liu, H.M. (2003). Foreign-language experience in infancy: Effects of shortterm exposure and social interaction on phonetic learning. Proceedings of the National Academy of Science, 100(15): 9096–9101.

2 Patterson, J. (2002). Relationships of expressive vocabulary to frequency of reading and television experience among bilingual toddlers. Applied Psycholinguistics. 23, 493-508.

3 Gómez, E. and Strasser, K. (2021). Language and socioemotional development in early childhood: The role of conversational turns. Developmental Science, 24, e13109.

4 Donnelly, S. and Kidd, E. (2021). The Longitudinal Relationship Between Conversational Turn-Taking and Vocabulary Growth in Early Language Development. Child Dev, 92: 609-625.

5 Romeo, R.R., Leonard, J.A., Robinson, S.T., West, M.R., Mackey, A.P., Rowe, M.L., and Gabrieli, J.D.E. (2018). Beyond the 30-Million-Word Gap: Children's Conversational Exposure Is Associated With Language-Related Brain Function. Psychol Sci., 29(5): 700-710.

가 함께하는 놀이는 이 모든 조건을 충족합니다. 아이 수준에 알맞은 언어 놀이는 부모와 즐겁게 상호작용하며 소통하는 시간이 됩니다. 부모는 가르치고 아이는 배워야 한다는 생각에서 벗어나세요. 부모와 아이가 교감하는 시간이 차곡차곡 쌓이면 쌓일수록 언어는 자연스럽게 풍성해집니다.

03
영알못 엄마,
아이와 영어로 놀이할 수 있을까?

"엄마표 영어, 부모가 영어로 말해야 성공할까요?"

아이 영어 교육으로 고민하는 부모님들에게 가장 많이 받는 질문입니다. 언어 치료 전문가로서 답하자면, 부모가 가장 편하게 구사할 수 있는 언어를 사용하는 것이 좋습니다. 그래야 문법적으로 정확한 표현과 풍부한 어휘를 알려줄 수 있고, 사회문화에 근거한 비언어적 신호와 뉘앙스까지 함께 전달할 수 있기 때문이죠. 이때 더욱 심도 있는 상호작용을 할 수 있습니다. 그런데 이렇게 말해도 아이와 영어로 유창하게 대화하는 부모를 보고 조급해하는 분들이 있습니다.

"저는 영알못 부모인데, 우리 아이 영어는 어떡하나요?"

결론부터 말하면, 모국어로 언어 기반이 탄탄한 아이일수록 기초 언어 능력이

전이되어 제2언어, 제3언어를 배울 때 훨씬 효율적으로 습득할 수 있습니다. 문법적 정확도, 발음의 명료도와 같이 학술 관점 요소가 뒷받침되면 좋겠지만, 생활 속에서 영어 말문을 터트리는 가장 중요한 요소는 '풍성한 언어 환경'입니다. 아이는 본인이 관심 있고 흥미로운 것에 부모가 충분히 반응해줄 때 안정감을 느끼거든요. 자기 생각과 감정을 마음껏 드러낼 수 있을 때 아이의 표현력도 커집니다.

영어 교육에 좋은 환경은 따로 있다

미국에서 두 아이를 키우고 있다 보니 "영어권 국가에서 자란 아이의 영어 실력은 정말 다른가요?" 하고 궁금해하는 분들이 많습니다. 핵심은 발달 단계에 꼭 필요한 만큼의 어휘와 표현만 제공해도 아이에게는 풍성한 언어 환경이 된다는 것입니다.

예를 들어 볼게요. 이제 막 한 낱말로 표현하기 시작한 아이가 있습니다. 엄마와 산책을 하다가 나무에 앉은 새를 바라봅니다. 아이의 관심사를 눈치챈 엄마가 아이에게 언어 자극을 해주려고 다음과 같이 말합니다.

"나무 위에 빨간 새가 앉아 있네. 짹짹~ 하고 울고 있어요. 와! 엄청 높은 곳에 앉아 있다!"

아이에게 최대한 많은 표현을 알려주고 싶은 엄마는 가능한 모든 표현을 들려줍니다. 이때 아이는 엄마의 말 중에 얼마만큼을 의미 있게 받아들일까요? 또 한 낱말 표현인 '새', '짹짹'에 쉽게 반응할 수 있을까요? 아이가 이미 '새' 또는 '짹짹'이라는 단어에 익숙하다면 충분히 알아들을 수 있을 겁니다. 하지만 이제 막 한 낱말로 말하기 시작해 새로운 단어에 익숙하지 않은 아이는 엄마가 들려준 여러 문장에서 '새'라는 단어와 나무 위의 물체를 짝지어 인식하기란 어렵습니다. 이럴 때는 "우와~ 새다! 짹짹~"과 같이 현재 아이의 언어발달 단계에 맞는 짧은 단어로 표현해줘야 합니다.

같은 상황을 영어에 능통한 부모로 바꿔 가정해도 결과는 다르지 않습니다. 제가 미국에서 언어치료를 하며 만났던 원어민 부모들도 똑같은 상황에서 도움을 요청합니다. 자신은 영어로 유창하게 말할 수 있어도 아이의 발달 단계에 맞는 언어를 사용하는 것은 서투르기 때문이죠. 따라서 말문이 트이는 시기의 아이에게는 영어를 잘하는 부모보다 아이의 발달 단계를 이해하고 그에 알맞은 표현으로 소통하는 부모가 필요합니다.

남들 다 한다는 엄마표 영어를 하고자 매일 원어민 영상을 보여주지만 이렇다 할 이웃풋이 없는 아이에게 흘려듣기를 고집하는 게 맞는지, 그저 아이를 믿고 기다리면 되는데 조급한 부모 마음이 문제인 건 아닌지 고민하는 분들이 많습니다. 답은 부모도 아이도 아닌 '환경'에 있습니다. 부모 기준에 풍성한 언어 환경이 아니라 아이의 발달 단계에 적합한 표현으로 이루어진 언어 환경을 만들어주세요. 아이는 자신의 눈높이에 꼭 맞는 표현에 익숙해지면 언어의 흐름을 쉽게 이해하고, 어느 순간 말문이 트여 부모와 함께 소통하는 즐거움을 느끼게 될 겁니다.

04
언어의 차이를 알면
영어 말문이 터진다

학술 관점에서 보면 영어와 한국어 두 언어가 발달하는 큰 흐름은 비슷합니다. 패트리샤 컬 박사는 "언어발달의 수수께끼 중 하나는 모든 유아들이 순차적인 질서에 따라 발달해나간다는 것이다. 전 세계의 유아들은 그들이 접하는 언어와 관계없이 비슷한 시기에 언어발달에서 특정 이정표를 달성한다" 라고 말했습니다. 즉, 언어에 상관없이 아이들은 생후 반년 정도가 지나면 옹알이를 시작하고, 돌 전후에 첫 단어가 산출되며, 두 돌 전후에 두 낱말을 조합하고, 세 돌이면 문장을 구성할 수 있게 됩니다. 인간은 자신이 태어난 환경 속에서 주 양육자와 따뜻하고 안정적인 애착을 형성하고 사회적 관계를 맺으며 그에 필요한 언어적 기제를 자연스럽게 키워간다는 것을 시사합니다.

그런데 이중언어 전문가로서 한국 아이와 미국 아이를 모두 가르쳐본 제 경험상 이론과는 다르더군요. 한국어와 영어를 습득하는 세세한 발달 과정에는 문화와 언어적 특성에 따른 분명한 차이가 있거든요. 예를 들면 아이와 놀이할 때 영어권 양육자들은 사물 위주의 표현을 많이 사용합니다. 반면 한국어권 양육자들은 사물 뿐 아니라 동작(행동)에 관한 표현을 풍성히 사용합니다.[1] 더 쉽게 말하면, 영어는 명사가 동사보다 더 많이 사용되고 강조되는 언어입니다. 아이가 공을 가지고 있을 때 영어권 부모는 "Ball!", "That's a blue ball.", "Throw the ball!"과 같이 명사 위주로 말을 겁니다. 반대로 한국어권 부모는 "던져!", "주세요", "가져오세요"와 같이 동사 위주로 말하는 비율이 높습니다.

미국 엄마: "Ball!", "That's a blue ball.", "Throw the ball!" (명사 위주)

한국 엄마: "던져!", "주세요.", "가져오세요." (동사 위주)

한국어 어순에서는 동사가 끝에 오지만 영어에서는 목적어인 명사가 끝에 오기 때문인데요. 한국어 문장은 동사가 더욱 강조되는 구조이기 때문에 영어가 모국어인 아이들에 비해 한국어가 모국어인 아이들이 동사 어휘를 더 빠르게 습득하는 편입니다.[2] 이처럼 똑같은 상황에서도 언어와 문화 특성에 따라 서로 다른 어휘와 표현이 사용될 수 있습니다.

1   Choi S. (2000). Caregiver input in English and Korean: Use of nouns and verbs in book-reading and toy-play contexts. J Child Lang. Feb; 27(1): 69-96.
2   Kim M, McGregor KK, Thompson CK. (2000). Early lexical development in English-and Korean-speaking children: Language-general and language-specific patterns. J Child Lang. Jun; 27(2): 225-54.

한국어 vs 영어, 이렇게 다르다

아이들이 어휘를 효과적으로 습득하는 방법도 언어 특성에 따라 차이가 있습니다. 특히 동사 어휘의 경우가 그렇습니다. 한국어는 주어나 목적어 없이 동사만으로도 의사 표현이 가능한 문법적 특성이 있습니다. 따라서 한국어 동사 어휘를 배울 때는 긴 문장보다 짧은 단어로 들을 때 훨씬 습득하기 쉽습니다(강아지가 잔다. vs 잔다.). 하지만 영어는 문장 내 단어의 위치와 형태, 강세 등의 단서가 어휘를 이해하는 데 도움을 주기 때문에 문장으로 동사 어휘를 듣는 것이 습득하는 데 더욱 효과적입니다(The dog is sleeping. vs Sleeping!). 즉, 초기 영어 학습 단계에서는 짧지만 완전한 문장을 사용하는 것이 어휘를 습득하는 데 도움이 됩니다.[3, 4]

또 하나의 언어에만 노출되는 단일언어 환경과 한 가지 이상 언어에 노출되는 이중언어 환경에 따라서도 어휘 습득에 차이가 있습니다. 언어란 흑과 백으로 선을 그어 나눌 수 없으니까요. 상호 유기적으로 처리되기 때문에 두 언어 간에 서로 영향을 미칠 수밖에 없습니다. 다시 말해 영어를 모국어로 습득하는 아이와 영어를 제2언어로 배우는 아이의 언어발달 과정과 순서는 서로 다른 모습으로 나타납니다. 따라서 두 언어 체계의 차이를 이해하면 서로 다른 두 언어의 요소들을 보완하거나 더욱 강화시킬 수 있습니다. 예를 들어 대명사의 구별화(he, she, their, mine, etc.), 복수의 사용(-s, mouse/mice, etc.), 시제의 표지(-ing, -ed, etc.)와 같은 문법적 요소는 한국어 체계와 다르기 때문에 한국어가 모국어인 아이들이 영어가

---

3 Arunachalam, S., Leddon, E. M., Song, H. J., Lee, Y., & Waxman, S. R. (2013). Doing More with Less: Verb Learning in Korean-Acquiring 24-Month-Olds. Language acquisition, 20(4), 292–304.

4 Choi S. Caregiver input in English and Korean: Use of nouns and verbs in book-reading and toy-play contexts. J Child Lang. (2000). Feb; 27(1): 69-96.

모국어인 아이들보다 더 어렵게 느낍니다.

그렇다면 미국 부모들은 영어를 처음 배우기 시작하는 아이에게 언어 체계부터 하나하나 가르칠까요? 당연히 아닙니다. 설령 알려준다 해도 이해하는 아이는 없을 거예요. 아이들은 자연스럽고 반복적인 노출과 소통 경험을 스스로 내재화하면서 언어를 받아들이니까요.

지금부터 미국 가정에서 부모와 아이가 즐겨 하는 86가지 영어 놀이를 하나씩 소개하겠습니다. 아이가 가진 잠재력과 가능성을 믿어보세요. 미국 아이들처럼 즐겁게 놀면서 영어 말문이 톡톡 터지는 신나는 경험을 만끽하게 될 겁니다.

미국 아이들은 어떤 영어를 쓸까?

진짜 미국식
영어 놀이 86

영어 놀이 성공률 높이기

이야기꾼의 화술 덕분에 지루한 이야기가 흥미롭게 전달되듯 놀이 또한 아이의 관심과 흥미를 높여줄 서포트 장치가 필요합니다. 분명 어제는 깔깔대며 즐겁게 놀았는데 다음 날 다른 놀이에 더 관심을 보이는 게 우리 아이들이니까요. 아이들은 각자 성향에 따라 좋아하는 놀이도 다릅니다. 또 어떤 아이는 높은 미끄럼틀까지 서슴없이 올라가는 반면 어떤 아이는 엄마 손을 꼭 잡고 서야 한 걸음씩 발을 떼죠. 아이의 기질과 발달 수준에 따라 필요한 지원의 차이가 존재하기 때문입니다. 지금부터 아이의 영어 거부감은 줄이고 놀이 성공률은 높여줄 몇 가지 기술을 소개할게요.

아이보다 한 걸음 앞서 걷기

영유아 시기부터 시작된 이중언어 환경에서는 부모도 아이와 함께 성장해나갈 수 있습니다. 어휘와 문법 등 인풋 난이도가 비교적 낮기 때문에 영어를 잘하지 못해도 부담이 없거든요. 단, 아이에게 정확하고 풍부한 언어적 자극을 주기 위해 약간의 노력은 필요합니다. 아이와 자연스러운 소통을 이어갈 수 있도록 놀이에 필요한 어휘와 표현을 부모님이 먼저 연습해보세요.

언어 비율 조절하기

처음부터 모든 표현을 영어로 하려고 애쓰지 마세요. 알아듣지 못하는 단어와 문장이 많을수록 아이는 놀이에 흥미를 잃을 거예요. 아이가 자연스럽게 받아들일 수 있는 만큼부터 시작해 조금씩 늘려가는 것만으로도 충분합니다. 처음에는 맥락을 통해 유추할 수 있는 간단한 표현을 반복해주고, 아이가 놀이를 이해하고 흥미를 보이기 시작하면 부족한 표현을 한국어로 보충하거나 영어 표현을 더 늘려주세요.

틀린 표현 고치지 않고 다시 말해주기

아이에게 놀이는 부모와 언어적·정서적으로 교감하는 시간입니다. 정확한 표현을 가르치는 것이 놀이의 목표가 되어서는 안 되겠죠? 게다가 영어 표현이 틀렸다고 바로바로 고쳐주면 놀이의 흐름이 끊깁니다. 이때는 아이의 말을 따라 하는 것처럼 반복하되 올바른 표현으로 바꿔 말해보세요. 예를 들어, 아이가 "Ball not here."이라고 표현했다면 "Ball is not here이라고 해야지" 하며 지적하기보다

"Uh-oh, ball is not here!" 또는 "Oh, there is no ball here."과 같이 자연스럽게 대화를 이어가는 겁니다. 부모가 직접 고쳐주지 않아도 아이 스스로 자신의 표현과 부모의 피드백을 비교하며 올바른 표현을 습득할 수 있습니다.

반복 두려워하지 않기

아이들은 반복을 통해 배웁니다. 이중언어 환경에서도 마찬가지예요. 하나의 표현만 반복하더라도 아이가 즐거워한다면 그보다 좋은 자극은 없습니다. 놀이도 여러 가지로 바꿔서 하기보다 아이가 즐기는 놀이 하나를 여러 번 반복하는 것을 추천해요. 아이가 놀이에 몰입하며 즐거워하는 한 한자리에서 같은 표현을 얼마든지 반복해서도 좋습니다. 더불어 같은 표현을 다음 날, 또 그다음 날 다시 반복해주는 것 또한 아이가 표현을 확실히 이해하고 습득하는 데 도움을 줍니다.

영어 놀이 활용 방법

적정 연령

각각의 놀이마다 인지적으로 적합하고 정서적으로 흥미를 느낄 수 있는 추천 연령대를 설정해 두었어요. 아이의 발달 속도와 기질 및 취향에 따라 개인차가 나타날 수 있으니 지표를 참고해 아이에게 적합한 놀이를 다양하게 시도해보세요.

준비물

주로 일반 가정에서 쉽게 볼 수 있는 물건과 아이들이 좋아하는 장난감으로 구성했어요.

놀이 포인트

영어 놀이가 처음이라면 Level 1부터 시작하세요. 아이가 영어와 한국어를 이해하는 수준이 비슷할 때도 Level 1부터 시작하는 것을 추천합니다. Level 2는

Level 1을 응용한 놀이예요. 아이가 해당 놀이와 관련 영어 표현에 익숙해지거나 한국어 수준이 영어보다 높다면 Level 2도 도전해보세요.

5가지 언어 촉진 전략

놀이마다 언어 이해와 표현을 도와줄 힌트가 숨어 있어요. 실제 언어치료 현장에서도 자주 사용하는 효과적인 방법입니다.

- **모델링** 아이에게 익숙하지 않은 단어나 표현은 부모가 먼저 들려주는 과정이 필요해요. 아이가 이해할 수 있도록 충분히 모델링해주세요.
- **멈추고 기다림** 충분한 모델링이 쌓였다면 아이가 자발적으로 참여할 기회를 주어야 합니다. 아이가 소통할 차례가 되면 잠시 멈추고 기다려 아이 스스로 표현을 시도하도록 도와주세요.
- **강조** 중요한 단어나 표현은 생동감 있게 천천히 늘여서 강조해주세요. 달라진 속도와 어감은 아이에게 깊은 인상을 남기고, 아이가 흥미를 유지하도록 도와줍니다.
- **손짓 단서** 포인팅이나 손짓, 몸짓 등으로 표현의 이해와 집중을 도와주세요.
- **반복** 특정 표현이나 아이의 발화를 반복해서 말해주면 언어 습득에 큰 도움이 됩니다.

보너스 표현

알아두면 도움이 될 어휘와 핵심 표현을 활용한 변형 문장을 담았어요. 언어에 호기심이 많은 아이라면 보너스 표현도 놓치지 말고 연습해보세요. 표현력이 놀랍도록 커질 거예요.

전문가 조언

미국 공인 이중언어발달 전문가의 경험과 지식을 바탕으로 언어 자극을 효율적으로 높이는 꿀팁을 전달해 드립니다.

무발화에서 발화로

영어 놀이가 처음인 아이도 아직 발화가 이뤄지지 않았거나 발화 초기 단계에 있는 아이도 쉽고 재미있게 시작할 수 있는 놀이를 소개합니다. 처음부터 길고 복잡한 문장이 나오면 아이들은 거부감을 느낄 수 있습니다. 영어를 처음 접하는 아이도 쉽게 이해할 수 있는 단어와 짧고 간결한 표현부터 시작해보세요. 만약 아이가 거부 반응을 보인다면 낯설어서 그런 것이니 먼저 우리말로 놀이의 즐거움부터 깨워주세요. 충분히 반복한 다음 놀이에 대한 이해가 쌓이면 단계적으로 영어 표현을 추가해 아이의 모방과 발화까지 유도해보세요.

Peekaboo!

까꿍!

| 적정 연령 | 3~36개월
| 준 비 물 | 얼굴을 가릴 수 있는 물건(손수건, 책 등), 장난감

아이의 능동적인 참여를 유도하는 놀이

아이와 까꿍놀이 해보셨죠? 추가 설명이 필요 없을 만큼 간단한 이 놀이는 아이의 흥미와 상호작용을 유도하고 발화로 이끄는 데 성공률이 매우 높은 놀이 중 하나입니다. 아기들은 말할 것도 없고 두세 돌이 지난 아이도 엄청 즐거워해요. 무엇보다 언제 어디서든 할 수 있어요.

놀이 포인트

손수건, 이불, 책 등을 사용해 마치 마술사가 사라졌다 나타나듯 엄마의 얼굴을 천천히 가리며 시작해보세요. 문이나 커튼 뒤에 숨었다 나타나도 아이가 굉장히 좋아할 거예요.

MP3 듣기

Adult	**Where's Mommy?**	엄마 어디 있지?
	Peekaboo!	까꿍!
	강조 'Peekaboo'를 생동감 있게 표현해주세요.	
Child	**(laughs)**	(웃음)
Adult	**Again?**	또?
	모델링 놀이를 계속하고 싶을 때 사용할 수 있는 표현인 'Again'을 반복해서 들려줍니다.	
Child	**(smiles or nods)**	(웃거나 고개 끄덕임)
Adult	**Where's Mommy?**	엄마 어디 있지?
	Peekaboo!	까꿍!
	반복 아이가 놀이에 적응할 때까지 몇 차례 반복해주세요.	
Child	**Peekaboo!**	까꿍!
Adult	(아이의 얼굴을 가리며) **Now your turn!**	이제 네 차례!
	Where's Mina?	미나 어디 있지?
	멈추고 기다림 아이가 먼저 '까꿍' 하도록 잠시 기다려주세요.	
Child	**Peekaboo!**	까꿍!
Adult	**Okay, my turn. Where's Mommy?**	자, 엄마 차례. 엄마 어디 있지?
	Peekaboo!	까꿍!
	손짓 단서 'my'를 표현할 때 엄마를 직접 가리켜주세요.	

BONUS

Here's Mommy. 엄마 여기 있네.
Here I am. 나 여기 있지.
There you are. 거기 있구나.

놀이 포인트

온 가족이 함께하면 다양한 가족 호칭을 배울 수 있어요. 아이가 좋아하는 장난감을 활용하면 동물이나 사물 등의 명칭도 배울 수 있답니다. 특히 한국어 발달 수준이 영어보다 높은 아이들의 경우 문맥적 단서를 통해 이해할 수 있는 표현의 폭이 넓어 더 쉽게 따라 할 수 있어요.

MP3 듣기

Adult	Where's Daddy?	아빠 어디 있지?
	Peekaboo! Daddy! Hi, Daddy!	까꿍! 아빠다! 아빠 안녕!
	손짓 단서 손가락으로 아빠를 가리켜주세요.	
Child	(laughs)	(웃음)
	반복 아이가 즐거워하면 같은 대상으로 여러 번 반복해주세요.	
Adult	Where's Grandma?	할머니 어디 있지?
Child	Peekaboo! Hi, Grandma!	까꿍! 할머니 안녕하세요!
Adult	(손수건으로 인형을 가리며) Where's Baby?	아기 어디 있지?
	Peekaboo! There she is!	까꿍! 거기 있네!
	손짓 단서 손가락으로 인형을 가리켜주세요.	
Child	There she is!	거기 있네!
Adult	What else? Hmm, let's try⋯ the ball.	또 뭐 할까? 음⋯ 공 한번 해보자.
Child	Yeah.	응.
Adult	Where's the ball?	공 어디 있지?
	손짓 단서 어깨를 으쓱하며 '어디 있지?'를 표현해주세요.	
	멈추고 기다림 아이가 공을 찾을 수 있도록 기다려주세요.	
Child	Peekaboo!	까꿍!
Adult	There's the ball.	공 거기 있다.
	모델링 아이가 바꿔서 표현할 수 있는 어휘를 들려주세요.	

BONUS

Where did the ball go? 공 어디 갔지?

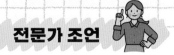

한국, 미국 할 것 없이 전 세계 부모들은 본능적으로 아기와 까꿍놀이를 합니다. 부모와 아기가 상호작용하는 데 이만큼 유익한 놀이는 아마 없을 거예요. 실제 미국에서 발달이 느린 아이들과 수업할 때 0~3세 조기 개입 프로그램Early Intervention Program으로 가장 많이 활용되는 놀이이기도 합니다. 부모와 눈을 마주치고 환한 표정으로 언어를 주고받음으로써 애착 형성과 정서발달은 물론 대상 영속성 인지, 표정과 언어의 모방, 사람 및 사물 인지 등 아이 발달에 수많은 이점이 있기 때문입니다.

짧고 반복적인 표현은 아이에게 안정감을 줄 뿐만 아니라 언어의 이해와 모방을 돕습니다. "Where's ＿? There it is!" 이 문장 패턴은 일상에서 매우 자주 사용되는 표현이죠. 재미있는 놀이로 시작하면 말문이 더 쉽게 트입니다. 게다가 존칭 문화가 있는 한국에서는 어른과 아이가 대화할 때 아이의 이름과 어른의 호칭을 사용하는 것이 일반적인데요. 영어에서는 '나/너'와 같은 인칭대명사Pronouns를 더 자주 사용하기 때문에 놀이로 시작하면 자연스럽게 배울 수 있습니다. "My turn! Your turn!" "There he is./There she is."라는 표현 속 대명사도 잘 활용해보세요.

Bye-Bye, ball!

공 안녕!

| 적정 연령 | 8~36개월 |
| 준 비 물 | 아기 물건(숟가락, 컵, 공, 양말, 인형 등), 뚜껑이 있는 상자 |

사물의 이름을 익히는 놀이

아이가 평소 사용하는 물건의 이름을 놀이로 쉽게 배울 수 있어요. 상자 대신 가방, 쿠션 등을 활용하거나 장소를 바꿔 놀이하면 같은 놀이도 새롭게 즐길 수 있답니다. 아이의 옷 속이나 머리 위로도 물건을 숨겨 보세요!

놀이 포인트

숟가락, 컵, 공, 양말, 인형 등 아기 물건들을 하나씩 상자에 넣으며 "bye-bye, ___!" 하고 인사합니다. 상자 뚜껑을 닫고 흔들거나 똑똑 두드리며 물건을 찾는 시늉을 해보세요. 다시 상자 뚜껑을 열면서 "Hi, ___!" 하고 반겨줍니다. 옷 속, 등 뒤, 가방 속, 쿠션 밑 등 물건 숨기는 장소를 바꿔가며 놀이해보세요. 어휘 연습을 더 재미있게 반복할 수 있어요.

MP3 듣기

Adult	(공을 상자에 넣으며) **Look! The ball is going bye-bye! Bye-bye, ball!**	이것 봐! 공이 가려고 인사하네.
		공 안녕!
	손짓 단서 손을 흔들며 인사해주세요.	
Child	**Bye-bye, ball!**	공 안녕!
Adult	(상자 뚜껑을 열며) **Ta-da! Hi, ball!**	짜잔! 공 안녕!
Child	**Hi, ball!**	공 안녕!
Adult	(다시 공을 상자에 넣으며) **The ball is going bye-bye again. Bye-bye, ball!**	공이 또 빠이빠이 하네.
		공 안녕!
	손짓 단서 손을 흔들며 인사해주세요.	
Child	**Bye-bye, ball!**	공 안녕!

BONUS

Hi, ball! The ball was in the box. 공 안녕! 공이 상자 안에 있었네.
on 위에   **under** 밑에   **next to** 옆에   **behind** 뒤에
in front of 앞에   **between** 사이에

놀이 포인트

첫 번째 단계에서 같은 사물을 여러 번 반복해 아이가 표현에 충분히 익숙해졌다면 이제 새로운 사물을 소개해 어휘를 확장해보세요. 아이에게 익숙해진 단어는 'Where 또는 What' 질문을 통해 발화를 유도할 수 있습니다.

MP3 듣기

Adult	(공을 상자에 넣으며) **Bye-bye, ball!**	공 안녕!
	손짓 단서 손을 흔들며 인사해주세요.	
	(상자를 흔들며) **Shake shake! Where did the ball go?**	흔들흔들! 공이 어디 갔지?
	손짓 단서 어깨를 으쓱하며 '어디 갔지?'를 표현해주세요.	
	Ball, where are you?	공아, 어디 있니?
	손짓 단서 두 손을 확성기처럼 입에 갖다 대며 말해주세요.	
Child	(상자를 가리킴)	
Adult	(상자를 열며) **Hmm, let's see⋯ Ta-da! What is it?**	흠, 어디 보자⋯ 짜잔! 이게 뭘까?
Child	**Ball!**	공!
Adult	**Ball! Hi, ball!**	공! 공 안녕!
Child	**Hi, ball!**	공 안녕!
Adult	**Hmm, what else can we hide?**	흠, 또 뭘 숨겨볼까?
	손짓 단서 앞에 놓인 몇 가지 사물을 가리켜주세요.	
Child	(양말 한 켤레를 가리킴)	
Adult	**Socks? Okay, now the socks are going bye-bye! Bye-bye, socks!**	양말? 그래, 이제 양말이 빠이빠이하네. 양말 안녕!
	강조 'socks'를 조금 더 강조해 말해주세요.	
Child	**Bye-bye, socks!**	양말 안녕!

BONUS

What should we hide next? 다음엔 어떤 걸 숨겨볼까?

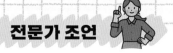

익숙한 사물에 대한 인지를 넓히는 놀이는 발화가 느린 아이의 말문을 터트리는 데 매우 효과적입니다. 당장 "Hi, ball!" 하고 따라 하지 못해도 괜찮습니다. 아이가 눈앞에 있는 공을 'ball'이라는 단어와 연관 지을 수 있다면, 다시 말해 엄마가 "Where is the ball?" 히고 질문했을 때 아이가 공을 가리킬 수 있다면 충분합니다. 만약 아이가 알고 있는 영어 단어가 있다면 해당 사물로 먼저 놀이해보세요. 언어 효능감을 느끼면 아이 스스로 더 배우고 싶은 의지가 생길 겁니다. 이미 알고 있거나 익숙한 단어로 놀이를 진행하며 어휘 노출을 충분히 쌓은 후 덜 익숙하거나 새로운 단어를 하나씩 더해가며 아이에게 자신감을 심어주세요.

03

Wee! Let's go down the slide.

슝! 우리 미끄럼틀 타자.

| 적정 연령 | 12~48개월 |
| 준 비 물 | 택배 상자 등 미끄럼틀이 될 납작한 물건, 장난감(자동차, 공, 인형 등) |

재미있는 소리내기 놀이

아이들이 좋아하는 미끄럼틀 놀이는 의성어, 의태어, 감탄사 등 신나고 재미있는 소리들을 적극적으로 발화할 수 있게 도와줍니다. 평소 아이가 가지고 노는 장난감을 색다르게 활용할 수 있어 영어를 처음 접하는 아이의 관심을 끌기에도 아주 좋답니다.

택배 상자를 납작하게 접어 미끄럼틀을 만들어주세요. 자동차, 공, 인형 등 아이의 장난감을 하나씩 미끄럼틀에 내려 보냅니다. 장난감이 미끄럼틀을 타고 내려갈 때 다양한 의성어, 의태어, 감탄사를 넣어 생동감 있게 표현해주세요. 미끄럼틀 끝에 블록을 쌓고 무너뜨리는 놀이를 추가하면 아이가 더욱 흥미로워 해요!

MP3 듣기

Adult	Let's go down the slide!	우리 미끄럼틀 타자!
	Ready, set… go! Wee!	준비, 시~작! 슝!
	강조 'go', 'wee'처럼 재미있는 소리를 생동감 있게 표현해주세요.	
Child	Wee!	슝!
Adult	Let's try again.	다시 해보자. 위로, 위로, 위로 올
	Up, up, up, and… down! Wee!	라가서… 밑으로! 슝!
Child	Down! Wee!	밑으로! 슝!
Adult	Look! Here goes the ball.	이것 봐! 공이 간다.
	Ready, set… go! Wee!	준비, 시~작! 슝!
Child	Wee!	슝!
Adult	Now let's crash into the blocks!	이번에는 블록을 무너뜨려보자!
	Ready, set… go! Wee!	준비, 시~작! 슝!
	(블록을 무너뜨리며) Crash!!	꽈당!!

BONUS

Should we go down fast or slow? 빨리 내려갈까 아니면 천천히 내려갈까?
Wow, so fast! 와, 엄청 빠르다!

놀이 포인트

아이들은 동물을 참 좋아하죠. 다양한 동물 인형들과 함께 놀이해보세요. 미끄럼틀을 타고 동물 인형이 내려갈 때 그 동물이 내는 소리를 흉내 내면 아이가 더 즐거워할 거예요.

MP3 듣기

Adult	Okay, who wants to go first?	자, 누가 먼저 탈래?
	The pig or the horse?	돼지 아니면 말?
	손짓 단서 'pig', 'horse' 두 개의 어휘를 명명하며 각각 손짓하세요.	
Child	The pig!	돼지!
Adult	Oink oink! Oink oink! Ready, set⋯ go! Wee!	꿀꿀! 꿀꿀! 준비, 시~작! 슝!
	모델링&반복 동물 소리를 반복적으로 모델링해주세요.	
Child	Wee!	슝!
Adult	Neigh~ neigh~. My turn!	히잉~ 히잉~. 내 차례야!
Child	Okay! Ready, set⋯ go! Wee!	그래! 준비, 시~작! 슝!
Adult	Who wants to go next?	다음은 누가 탈까?
Child	Hop hop. Me, me!	깡충깡충. 저요, 저요!
Adult	Okay, Bunny. Your turn!	그래, 토끼야. 네 차례야!
	Ready, set⋯ go! Wee!	준비, 시~작! 슝!

BONUS

Bunny wants to go down the slide. 토끼가 미끄럼틀 타고 싶대.

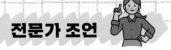
의성어, 의태어, 감탄사는 매우 훌륭한 언어 자극 수단이에요. '꿀꿀, 야옹, 멍멍, 꽥꽥' 같은 의성어와 '깡충깡충, 뒤뚱뒤뚱' 같은 의태어, '우와!' 같은 감탄사처럼 재미있는 소리들은 아이들이 발음하기 쉬운 운율 구조를 지녔습니다. 난어의 뜻을 그대로 묘사해 이해하기 쉽고 소리 자체가 흥미로워 발화 초기 단계에 매우 유용하죠. 한국어와 달리 영어에서는 대화 중에 감탄사가 많이 쓰이므로 놀이를 통해 재미있게 연습해보세요.

04 I'm gonna getcha!

잡으러 간다!

| 적정 연령 | 6~36개월
| 준 비 물 | 없음

신체 어휘를 익히는 놀이

미국 가정에서 아이들과 상호작용할 때 절대 빠지지 않는 놀이 중 하나입니다. 그만큼 쉽고 재미있어 아이들 모두가 좋아하죠. 아이의 흥미를 사로잡고 부모와의 정서적 유대감을 쌓을 수 있는 상호작용 놀이로 다양한 신체 어휘를 배워봅시다.

놀이 포인트

"I'm gonna getcha!(I'm going to get you!)"라고 말하며 아이를 간지럽히거나 도망가는 아이를 잡는 놀이입니다. 우리나라의 술래잡기와 비슷하죠? 간지럽 히려고 슬금슬금 다가오는 부모를 기다리는 동안 아이의 마음은 기대감으로 콩 닥콩닥할 거예요. 아이가 더욱 큰 흥미를 느낄 수 있도록 천천히 다가가보세요.

MP3 듣기

Adult	Johnny~ I'm gonna getcha!	조니~ 잡으러 간다!
Child	(웃으며) Again!	또!
Adult	I'm gonna getcha!	잡으러 간다!
	(아이를 간지럽히며) Tickle tickle! I got you!	간질간질! 잡았다!
	멈추고 기다림 아이가 또 간지럽혀 달라고 표현하도록 기다려주세요.	
Child	(웃으며 엄마를 간지럽히며) Again!	또!

BONUS

That tickles! 간지러워!
Did that tickle? 간지러워?

LEVEL 2

놀이 포인트

아이가 놀이에 익숙해지면 다양한 신체 부위를 간지럽히는 시늉을 해보세요. 'I'm gonna get your…'는 '~를 잡는다'라는 표현이에요. 마지막 단어를 말하기 전에 살짝 뜸을 들이면 아이의 기대감을 높일 수 있습니다. 단어를 강조해 들려주는 효과도 있지요. 순서를 바꿔 아이가 부모를 간지럽히며 발화할 수 있도록 이끌어보세요.

MP3 듣기

Adult	Johnny~ I'm gonna getcha!	조니~ 잡으러 간다!
Child	(웃으며) Again!	또!
Adult	Okay, I'm gonna get your… nose! Tickle tickle!	그래, 이번에는… 코 잡았다! 간질간질!
	강조 'nose'를 강조해 말해주세요.	
Child	(웃으며) More!	더!
Adult	I'm gonna get your… ears! Tickle tickle!	이번에는… 귀 잡았다! 간질간질!
	강조 'ears'를 강조해 말해주세요.	
Child	(웃으며) More! Ears!	더 해줘요! 귀!
Adult	Get your ears?	귀 잡아볼까?
	손짓 단서 귀를 가리키며 단어를 말해주세요.	
	Okay, I'm gonna get your… ears! Tickle tickle!	알았어, 조니… 귀 잡았다! 간질간질!
Child	(웃으며) More!	더!
Adult	Now, I'm gonna get your… belly!	이번에는… 배 잡았다!

BONUS

I'm gonna eat you up! 너를 먹어버릴 거야!
I'm gonna eat your nose! Yum yum yum! 코를 먹어야지! 냠냠냠!

아이들은 표현언어보다 수용언어가 먼저 발달합니다. 쉽게 말해 새로운 언어를 말로 표현하기 이전에 머리로 이해할 수 있어야 하죠. 따라서 아이가 어떤 언어를 사용하길 바란다면 먼저 해당 표현을 충분히 들려주고 이해시키는 과정이 필요합니다. 이때 단순히 듣는 것만으로는 부족해요. 해당 표현과 상응하는 대상이 무엇인지 정확하게 연결해주어야 합니다. 예를 들어 손으로 코를 가리키며 'nose'라고 말하는 식이죠. 아이들은 발달적으로 자신의 신체 부위를 먼저 이해한 다음 타인 또는 사물을 이해하는데요. 아이의 신체 부위를 직접 가리키며 어휘를 들려주면 해당 표현을 이해하고 습득하는 데 큰 도움이 됩니다.

신체 부위 어휘들은 일상 속에서 매우 흔히 사용되며 부모와 아이의 상호작용에도 유용합니다. 신체 어휘는 아이의 자기인식Self-awareness과 자아개념Self-concept을 향상시키고, 더 나아가 타인과 관련된 표현까지 확장할 수 있도록 돕습니다. 보통 18~20개월 즈음부터 간단한 신체 어휘 개념을 이해하기 시작하는데요. 주로 얼굴 주위(눈, 코, 입, 머리 등)부터 시작해 점차 몸(손, 발, 배 등)으로 확장됩니다.

05

Achoo! Uh oh, it fell down.

에취! 아이쿠, 떨어졌네.

| 적정 연령 | 10~36개월 |
| 준 비 물 | 모자, 플라스틱 컵, 공, 쿠션, 인형 등 떨어져도 안전한 물건 |

모방과 요구를 촉진하는 놀이

아이들은 예상치 못한 행동을 봤을 때 매우 즐거워합니다. 장난스러운 재채기와 함께 머리 위에 올려둔 물건이 떨어지는 순간, 아이들은 깔깔대며 웃지요. 자꾸 더 해달라고 요구하면서 아이는 자연스럽게 관련 표현을 모방하게 됩니다. 생동감 있는 말투와 행동으로 아이의 흥미를 이끌어주세요.

LEVEL 1

놀이 포인트

모자, 플라스틱 컵, 공, 쿠션, 인형 등 떨어져도 안전한 물건을 머리 위에 올려요. 그리고 아슬아슬하게 재채기를 하면서 머리 위의 물건을 떨어뜨립니다. 잠시 아이의 반응을 기다려보세요. 아이가 더 해달라고 요구 표현을 하거나 직접 모방할 수 있도록 기회를 열어주는 것이 중요합니다.

MP3 듣기

Adult	(컵을 머리에 올리며) Look! Ah, ah, ah⋯ achoo!	이것 봐봐! 에, 에, 에⋯ 에취!
	(컵을 떨어뜨린 후) Uh oh, it fell down.	아이쿠, 떨어졌네.
	손짓 단서 'Uh, oh'라고 말할 때 양손을 몸 바깥으로 펼쳐주세요.	
Child	(웃으며) Again!	또!
Adult	Again? Ah, ah, ah⋯ achoo!	또? 에, 에, 에⋯ 에취!
	Uh oh, it fell down.	아이쿠, 떨어졌네.
	멈추고 기다림 아이의 반응을 기다려주세요.	
Child	(머리에 컵을 올리며) Ah, ah, ah⋯ achoo!	에, 에, 에⋯ 에취!
Adult	Uh oh, it fell down!	아이쿠, 떨어졌네!
	Now on Mommy's head?	이번엔 엄마 머리에?
	손짓 단서 엄마 머리를 손으로 가리키며 표현해주세요.	
	(머리에 컵을 올리며) Ah, ah, ah⋯ achoo!	에, 에, 에⋯ 에취!
	Uh oh, it fell down again.	아이쿠, 또 떨어졌네.
Child	On my head!	내 머리에!
	Ah, ah, ah⋯ achoo!	에, 에, 에⋯ 에취!

BONUS

That was a big/little sneeze! 큰/작은 재채기였네!

56

놀이 포인트

이번에는 머리가 아닌 다른 신체 부위(등, 어깨, 배 등)에 떨어져도 안전한 물건을 올렸다가 떨어뜨립니다. 이때 다양한 신체 어휘를 반복하며 언어 자극을 해 보세요.

MP3 듣기

Adult	(곰 인형을 머리에 올리며) Oh no! There's a teddy bear on my head! Ah, ah, ah… achoo! Uh oh, it fell down.	어머! 곰돌이가 내 머리 위에 있어! 에, 에, 에… 에취! 아이쿠, 떨어졌네.
Child	(따라 하며) Ah, ah, ah… achoo!	에, 에, 에… 에취!
Adult	(곰 인형을 어깨에 올리며) Now it's on my… shoulder! Ah, ah, ah… achoo!	이제 내 어깨 위에 있어! 에, 에, 에… 에취!
	모델링 신체 어휘 'shoulder'를 반복해 말하며 모델링해주세요.	
Child	(따라 하며) Ah, ah, ah… achoo!	에, 에, 에… 에취!
Adult	Uh oh, it fell down. Oh! Now it's on your… belly!	아이쿠, 떨어졌네. 앗! 이번엔 너의… 배에 있어!
Child	(곰 인형을 떨어트리며) Ah, ah, achoo!	에, 에, 에… 에취!
Adult	(다른 신체 부위에서 반복한 후) Where's he going next?	다음은 어디로 갈까?
Child	My back!	내 등!
Adult	Oh, he's on your… back! (곰 인형을 떨어트리며) Achoo!	앗, 너의… 등에 있다! 에취!

BONUS

Now it's crawling on your (신체 부위). 이번엔 (신체 부위)로 기어가고 있어.
climbing up 올라가고 있다   **jumping on** 뛰고 있다   **dancing on** 춤추고 있다
falling off 떨어지고 있다   **jumping off** 뛰어내리고 있다

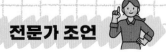

아이들의 모방 능력은 언어발달의 탄탄한 기반이라고 할 수 있어요. 즉, 발화가 일어나기 전에 반드시 모방이 먼저 이뤄져야 합니다. 그런데 문제는 늘 모방을 하지는 않는다는 사실이에요. 아이들은 재미있고 흥미로운 표현을 마주할 때 비로소 따라 합니다. 따라서 아이의 모방을 유도하기 위해서는 흥미로운 소리와 표현을 사용해 상호작용을 이끌어내야 합니다.

아직 긴 영어 문장을 이해하지 못하는 아이라면 짧고 간결한 단어나 구로 시작해보세요. 동시에 문장에 상응하는 행동을 보여주며 해당 표현을 여러 번 반복해야 쉽게 이해하고 어휘를 습득하는 데 도움이 됩니다. 물론 아이가 재미를 느끼지 못하거나 관심을 보이지 않는다면 소용없겠죠? 재채기나 간지럽히기와 같이 아이의 흥미를 유발하는 재밌는 행동을 동반해 같은 표현을 여러 번 반복해주세요. 표현의 이해와 발화를 이끌어 더욱 다양한 어휘까지 확장할 수 있습니다.

90

Night-night! Wake up!

잘자! 일어나!

| 적정 연령 | 12~36개월 |
| 준 비 물 | 아기 인형(또는 아이가 가장 좋아하는 인형) |

생활 동사를 익히는 놀이

어린아이일수록 일상적으로 익숙한 생활 놀이를 매우 좋아합니다. 실제 생활 속에서 자주 사용하는 표현들이 가장 편하고 유용하게 다가오기 때문이죠. 잠자기, 일어나기, 밥 먹기, 목욕하기 등 일상에서 매일 일어나는 가장 단순한 루틴들을 재연하며 다양한 동사 어휘를 익혀 보아요.

🚗 놀이 포인트

첫 번째 단계는 아주 간단한 것부터 시작해볼까요? 잠자고 일어나는 일상의 루틴을 놀이화해서 아이가 흥미를 갖고 반복할 수 있도록 해봅시다. 아기 인형에게 손수건 또는 휴지로 이불을 덮어주고 재우는 시늉을 해보세요. 아이가 인형에 관심이 없다면 부모님이 직접 자는 시늉을 하는 것도 좋아요.

MP3 듣기

Adult	Shh! Baby's going night-night.	쉿! 아기가 코 잔대.
	(코 고는 소리) Night-night.	잘자.
	손짓 단서 두 손을 모아 귀에 갖다 대며 자는 척을 하거나 인형의 배를 두드려줘요.	
	(아기 인형을 일으키며) Wake up! Good morning!	일어나! 좋은 아침이야!
	강조 'wake up'을 생동감 있게 표현해주세요.	
Child	(웃으며) Again!	또!
Adult	Oh, the baby's tired.	아기가 피곤하대요.
	Let's put the baby to sleep.	아기를 재워줘요.
	(이불을 덮어주며) Night-night, Baby.	잘자, 아가야.
	멈추고 기다림 아이가 먼저 'wake up'을 말하도록 기다려주세요.	
Child	Wake up!	일어나!
Adult	Good morning, Baby!	좋은 아침이야, 아가야!
	Again?	또 해볼까?
	반복 같은 표현을 여러 번 반복해주세요.	

BONUS

The baby's up! 아기가 일어났네!
The baby woke up. 아기가 깼어.

놀이 포인트

취침 시간 외에도 식사 시간, 목욕 시간, 옷 갈아입기 등 다양한 일상의 루틴들을 인형 놀이로 만들어 동사 어휘를 배워 보아요. 같은 패턴의 표현에 멜로디를 넣어 노래하듯 반복하면 아이의 흥미를 자극할 수 있습니다.

MP3 듣기

Adult	Good morning! It's time to get up!	좋은 아침이야! 일어날 시간이야!
	Let's give him something to eat!	아기에게 먹을 것을 좀 주자!
	강조 'eat'을 강조해 표현해주세요.	
Child	Yes!	응!
Adult	Yum yum. (노래하듯) Eat, eat, eat the food.	냠냠. 먹자, 먹자, 밥을 먹자.
	손짓 단서 먹는 시늉을 하거나 식기구를 들어 보여주세요.	
	Do you want to give him some food?	아기에게 밥 좀 줘볼래?
	손짓 단서 아이에게 직접 음식을 건네며 한 손으로 인형을 가리켜주세요.	
Child	Yeah. (인형에게 먹이며) Eat, eat!	응. 먹자, 먹자!
Adult	Now let's get dressed!	이제 옷을 갈아입자!
	손짓 단서 인형 옷을 들어 보여주세요.	
	Here's Baby's shirt. Put the shirt on!	아기 윗옷이 여기 있어. 윗옷을 입어요!
	반복 'shirt' 대신 'pants(바지), hat(모자)' 등으로 바꿔 말해주세요.	
	Here are Baby's socks. Put it….	양말도 여기 있어. 양말을….
	멈추고 기다림 기대하는 표정으로 아이가 문장을 완성하도록 기다려주세요.	
Child	On!	신어요!
Adult	Yay! The baby's all dressed!	와! 아기가 옷을 다 갈아입었네!
	Now should we give Baby a bath?	이제 아기 목욕 시켜줄까?
Child	Yes!	응!

BONUS

Let's feed the baby. 아기에게 밥 먹여주자.
Let's put clothes on the baby. 아기에게 옷 입혀주자.
It's bath time! 목욕 시간이야!

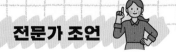

짧고 반복적인 표현에 멜로디를 넣으면 아이의 흥미와 집중력을 동시에 높일 수 있어요. 어조와 억양이 더욱 두드러져 언어 습득에도 매우 효과적이랍니다. 특히 다양한 동사 어휘를 반복적으로 노출할 때 유용해요. 영어 명령문에서는 동사가 맨 앞에 위치하는데, 농사 어휘를 반복적으로 강조하는 구조(Eat, eat, eat the food!)를 만들기도 수월하답니다.

한국어는 특성상 주어가 없어도 동사를 사용할 수 있고, 동사의 사용 빈도 또한 높기 때문에 영어가 모국어인 아이들보다 한국어가 모국어인 아이들이 비교적 빨리 동사를 습득합니다. 영어가 모국어이지만 언어발달이 느린 아이들에겐 동사 습득이 명사보다 더욱 어려운 과제이지요. 따라서 아이가 처음 영어를 배울 때 동사 어휘에 더욱 신경 쓰면 좋아요. 일상에서 자주 사용되는 생활 동사 어휘부터 천천히 시작해보세요.

Kitty! Let's go on the swing!

고양이야! 그네 타자!

| 적정 연령 | 18~48개월
| 준 비 물 | 이불, 여러 가지 동물 인형

동물 어휘를 늘리는 놀이

잘 때 덮는 용도로만 사용했던 이불을 놀이로 색다르게 활용하는 모습에 아이들은 신이 날 거예요. 큰 이불이든 작은 이불이든 상관없습니다. 이불로 그네 타기, 바닥에 펼친 후 인형 숨기기 등 다양한 놀이를 통해 신나게 숫자와 동물 어휘를 확장해보아요!

놀이 포인트

이불을 펼치고 한가운데에 동물 인형을 하나 올려놓습니다. 아이와 이불 양쪽 끝을 각각 잡고 그네처럼 흔들어줍니다. 이불을 옆으로 흔드는 것이 어렵다면 위아래로 흔들어도 괜찮아요. 먼저 아이를 이불에 태우고 엄마와 아빠가 그네처럼 흔들어주면서 아이의 흥미를 끌어올리는 것도 좋습니다.

MP3 듣기

Adult	Let's put Kitty on the swing! Meow meow.	고양이를 그네에 태워주자! 야옹 야옹.
	(고양이 인형을 이불 위에 올려놓으며)	
	Hop on, Kitty! Let's go on the swing.	고양이야, 타! 그네 타자.
	강조 고양이 인형을 보여주며 'kitty'를 강조해서 들려주세요.	
Child	Hop on, Kitty!	고양이야, 타!
Adult	Let's count to five. Ready? One, two, three, four, five! Wee!	다섯까지 세자. 준비됐니? 하나, 둘, 셋, 넷, 다섯! 슝!
	손짓 단서 손가락으로 숫자를 보여주세요.	
	(그네를 바닥으로 내리며) And⋯ down. Bye-bye, Kitty! Who's next?	그리고⋯ 밑으로. 고양이, 안녕! 다음은 누가 탈까?
	강조 'down'을 강조해서 들려주세요.	
Child	Turtle!	거북이!
Adult	A turtle! Okay, put him on the swing.	거북이! 그래, 거북이를 그네에 태워주세요.
	손짓 단서 손으로 그네를 가리켜요.	
	Let's count to five!	다섯까지 세자!
Child	Okay!	좋아요!
Adult	Okay, here we go! Ready? One, two, three, four, five! Wee!	그래, 자 간다! 준비됐지? 하나, 둘, 셋, 넷, 다섯! 슝!

BONUS

Let's swing the turtle five times. 거북이를 다섯 번 그네 태워주자.
Let's give him five shakes/bounces. 거북이를 다섯 번 흔들어주자.

놀이 포인트

이번에는 동물 인형을 하나 골라 이불 밑에 숨깁니다. 부모가 내는 동물 소리를 듣고 아이가 무슨 동물인지 맞히는 놀이예요. 동물과 관련된 다양한 의성어를 동물 이름과 함께 연관 지어 자연스럽게 배울 수 있겠죠?

MP3 듣기

Adult	Guess what animal it is! Close your eyes and count to ten. 　손짓 단서　두 손으로 얼굴을 가리는 시늉을 해주세요.	무슨 동물인지 맞혀 봐! 눈을 감고 열까지 세어 봐.
Child	One, two, three, four, five, six, seven, eight, nine, ten!	하나, 둘, 셋, 넷, 다섯, 여섯, 일곱, 여덟, 아홉, 열!
Adult	Moo moo! 　반복　동물 소리를 여러 번 반복해주세요. Who is it? 　멈추고 기다림　아이가 충분히 생각할 수 있도록 기다려주세요.	음메, 음메! 누굴까요?
Child	A cow!	소!
Adult	(이불을 걷으며) You're right! It's a cow!	맞았어! 소야!
Child	Yay! Now my turn!	와아! 이제 내 차례!
Adult	Okay, hide the animal! I'll count to ten. One, two, three….	그래, 동물을 숨겨 봐! 내가 숫자를 셀게. 하나, 둘, 셋….
Child	Baa baa!	메에, 메에!
Adult	Is it a goat?	혹시 염소니?
Child	(이불을 걷으며) Nope!	아니!
Adult	Oh, I was wrong. It was a sheep! Okay, I'll hide the animal this time.	아, 내가 틀렸구나. 양이었네! 이번엔 내가 동물을 숨길게.

BONUS

Which animal is it?　어떤 동물일까?

What animal am I?　나는 무슨 동물일까?　　**Who am I?**　나는 누굴까?

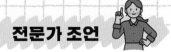

아이들이 가장 빨리 습득하는 표현 중 하나가 바로 의성어와 의태어입니다. 그 이유는 의성어와 의태어가 다른 어휘보다 단어의 뜻에 가까운 소리로 이루어져 있어 쉽게 이해할 수 있기 때문인데요. 대부분 아이들이 발음하기 쉬운 운율 구조로 이루어져 있답니다.

영어에서 특히 많이 사용되는 의성어와 의태어는 바로 동물 소리입니다. 동물 소리는 각 언어의 특성과 문화에 따라 차이가 있기 때문에 영어에서 쓰이는 의성어와 동물 이름만 익혀도 영미문화의 큰 부분을 이해할 수 있습니다. 아이가 아직 동물 소리에 익숙하지 않다면 우선 Level 1으로 동물의 이름과 소리를 조금씩 들려주세요. 그런 다음 Level 2로 넘어가 익숙한 소리부터 아이가 동물 이름과 연관 지어 발화할 수 있도록 차근차근 유도해보길 바랍니다. 무엇보다 아이들은 성공 경험이 많을 때 동기가 유발됩니다. 이미 알고 있거나 익숙한 표현이 새로운 표현보다 더 많도록 유지하는 것도 잊지 마세요!

08

Is this your shirt?
이게 너의 윗옷이니?

| 적정 연령 | 24~48개월
| 준 비 물 | 여러 가지 옷

의류 어휘와 형용사를 익히는 놀이

어른 옷, 아이 옷 할 것 없이 모두 모아 우리 집 패션쇼를 해봅시다. 옷과 관련된 다양한 어휘와 형용사를 재밌게 자극하는 활동이랍니다. 아이에겐 평소에 입어보지 못했던 가족들의 옷을 마음껏 골라 입어볼 수 있는 즐거운 시간이 될 거예요.

놀이 포인트

먼저 크기가 다른 엄마, 아빠, 동생 옷을 아이에게 번갈아 대보며 흥미를 이끌어 주세요. 그런 다음 아이가 낯선 의류 어휘들에 익숙해지도록 반복적으로 표현해주세요. 부정어 'not'과 'my, your, -'s' 등의 소유격 표현까지 자연스럽게 자극할 수 있습니다.

MP3 듣기

Adult	Look at all these clothes! Hm··· (엄마 옷을 들며) Is this your shirt? **손짓 단서** 아이 몸에 직접 옷을 대며 물어봅니다.	이 옷들 좀 봐! 흠··· 이게 네 윗옷이니?
Child	No~.	아니~.
Adult	No~. This is not your shirt. It's too big! This is my shirt. **강조** 고개를 흔들며 'not'을, 옷을 크게 들며 'big'을 강조해주세요. (동생 옷을 들며) Is this your shirt? **반복** 비슷한 질문을 반복하며 어휘의 노출 빈도를 높여주세요.	아니~. 네 것이 아니네. 너무 크다! 이건 엄마 윗옷이야. 이게 네 윗옷이니?
Child	No~.	아니~.
Adult	No~. This is not your shirt. It's too small. This is Baby's shirt! (아이 옷을 들며) Is this your shirt?	아니~. 네 것이 아니네. 너무 작다. 이건 동생 윗옷이야! 이게 네 윗옷이니?
Child	Yes!	응!
Adult	Yes! This is your shirt. Put it on! **모델링** 'Yes/No'는 고개를 끄덕이거나 저으며 정확히 모델링해주세요.	맞아! 이게 네 윗옷이네. 입어 봐!

BONUS

Is this your (　　　)? 너의 ~이니?
hat 모자　**coat/jacket** 겉옷　**dress** 드레스　**socks** 양말　**pants** 바지　**shoes** 신발
Does it fit? 잘 맞니?
It fits! 맞아요.　**It doesn't fit.** 안 맞아요.

놀이 포인트

이번에는 조금 더 세부적인 의류 어휘와 형용사를 활용해 어휘력을 키워볼까요? 열심히 옷을 골라 입은 다음 아이와 함께 거울 앞에 서서 런웨이에 선 모델처럼 포즈를 취해보세요. 사진을 찍으며 모델 놀이를 하면 아이가 더욱 좋아할 거예요.

MP3 듣기

Adult	Let's have a fashion show!	패션쇼를 해보자!
	What kind of shirt do you want to wear?	어떤 윗옷을 입고 싶어?
	The red shirt or the blue shirt?	빨간 옷 아니면 파란 옷?
	손짓 단서 옷을 각각 들고 보여주며 표현해주세요.	
Child	The blue shirt.	파란 윗옷이요.
Adult	You want the blue shirt!	파란 윗옷을 입고 싶구나!
	Okay, here is the blue shirt.	그래, 파란 윗옷 여깄어.
	반복 같은 표현을 다양한 문장 속에서 반복해 들려줍니다.	
	What kind of pants do you want?	어떤 바지를 입고 싶니?
	The long pants or the shorts?	긴 바지 아니면 반바지?
Child	Shorts.	반바지요.
Adult	You want the shorts. There you go.	반바지를 원하는구나. 여깄어.
	What kind of socks do you want?	양말은 어떤 걸 줄까? 오돌토돌한
	The bumpy socks or the fuzzy socks?	양말 아니면 보송보송한 양말?
Child	The bumpy socks.	오돌토돌한 양말이요.
Adult	Oh, you want the bumpy socks. Here you go.	아, 오돌토돌한 걸 원하는구나. 자,
	And what kind of shoes do you want?	여깄어. 신발은 어떤 걸 줄까?
	The clean shoes or the dirty shoes?	깨끗한 거 아니면 더러운 거
Child	I want the clean ones!	깨끗한 거 주세요!

BONUS

This feels warm(soft/comfortable). 따뜻한(부드러운/편안한) 느낌이야.
It's too hot(cold/tight/uncomfortable). 너무 더워(추워/꽉 껴/불편해).

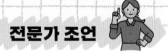

'반복 노출'은 어휘 습득에 매우 효과적인 전략입니다. 오랜 시간에 걸쳐 다양한 상황과 맥락 속에서 같은 표현을 자주 접하는 것도 좋지만, 한자리에서 같은 단어를 여러 번 반복해 들려주는 것 또한 어휘력을 높이는 데 매우 효과적입니다. 어떻게 하면 아이에게 더욱 다양한 어휘와 표현을 들려줄 수 있을지 고민하는 분들이 많은데요. 많은 양의 어휘나 표현을 들려주기보다 간단한 표현을 여러 번 반복해주는 것이 더 중요하다는 사실을 기억하세요.

선택권을 주는 질문("__ or __?")은 부모가 직접적인 표현을 들려주면서 아이에게 스스로 선택할 기회를 줍니다. 언어치료 현장에서도 매우 효과적인 언어 촉진 방법으로 활용되고 있죠. 간단한 놀이도 약간의 변화를 주면 아이의 말문을 훨씬 더 빠르게 틔워줄 수 있답니다.

60

I'm gonna throw the ball!
공을 던져볼게!

| 적정 연령 | 12~48개월 |
| 준 비 물 | 공 |

동작어 놀이

아이들은 신체 놀이를 매우 좋아합니다. 활동적인 성향의 아이일수록 가만히 앉아서 하는 놀이보다 몸을 움직이는 놀이에 참여하기 쉽죠. 그중에서도 남자아이 여자아이 모두 좋아하는 놀이는 단연 공놀이입니다. 던지고, 굴리고, 발로 차는 등 공 하나만 있어도 이리저리 몸을 움직이며 다양한 동사 어휘를 재밌게 배울 수 있거든요. 무엇보다 공을 주고받듯 자연스럽게 소통을 주고받을 수 있답니다!

놀이 포인트

공을 던지거나 굴리는 등 여러 방식으로 가지고 놀며 다양한 동사 어휘를 들려줍니다. 첫 단계에서는 가능한 많은 동사 표현을 들려주고, 아이의 이해도를 높이는 것이 목표입니다.

MP3 듣기

Adult	Let's play ball! I'm gonna throw the ball!	공놀이 하자! 공을 던져볼게!
	강조&손짓 단서 공을 던지는 손짓과 함께 'throw'를 강조해서 말해주세요.	
	Ready? Catch!	준비됐지? 받아!
Child	(공을 잡는다)	
Adult	Okay, now throw the ball!	좋아! 공을 던져!
Child	(공을 던진다)	
Adult	I got it! / Oh no, I missed it!	잡았다! / 아이쿠, 놓쳤네!
	Now I'm gonna roll the ball!	이번엔 공을 굴려볼게!
	강조&손짓 단서 공을 굴리는 손짓과 함께 'roll'을 강조해서 말해주세요.	
	Ready? Catch! Roll roll roll!	준비됐니? 받아! 데굴데굴데굴!
	반복 동작과 함께 'roll'을 반복해줍니다.	
Child	(공을 잡으며) I got it!	잡았다!

BONUS

Go get it! 가서 잡아!
Go get the ball! 가서 공 잡아!

놀이 포인트

첫 번째 단계에서 아이가 던지고 받는 공놀이에 익숙해졌다면, 이번에는 아이가 먼저 행동할 수 있도록 놀이 선택권을 주세요. 그리고 아이가 스스로 원하는 것을 간단히 표현할 수 있도록 도와주세요.

MP3 듣기

Adult	Do you want me to kick the ball or bounce the ball?	공을 발로 찰까 아니면 튕길까?
	손짓 단서 공을 차거나 튕기는 행동을 보여주세요.	
	강조 몸짓 단서와 함께 'kick', 'bounce'를 강조해서 표현해주세요.	
Child	Bounce!	튕겨!
Adult	Okay, I'm gonna bounce the ball. Ready? Bounce bounce!	그래, 그럼 공을 튕겨 줄게. 준비됐니? 통통!
	모델링&반복 'bounce'를 마치 의태어처럼 반복적으로 모델링해주세요.	
Child	Ah, I missed it!	앗! 놓쳤다!
Adult	You missed it! Run run run! Go get the ball! Hurry, stop the ball!	놓쳤어! 뛰어, 뛰어, 뛰어! 가서 공을 잡아! 빨리, 공을 멈춰야 해!
	모델링 'run, go, get, stop' 등 동사 어휘를 반복적으로 모델링해주세요.	
Child	I got it!	잡았다!
Adult	Are you gonna kick the ball or throw the ball?	공을 발로 찰 거야 아니면 던질 거야?
Child	Throw!	던질 거야!
Adult	Ready? Throw~!	준비됐니? 던져~!

BONUS

Throw it ___! ___로 던져!

this way 이쪽으로   **over here/over there** 여기로/저기로   **high/low** 높게/낮게

up/down 위로/아래로   **under/over** 밑으로/위로   **in/on** 안으로/위로

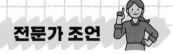
우리말에는 '데굴데굴, 슝, 뻥'처럼 행동이나 동작에 관한 의성어와 의태어가 다양하게 있는데요. 영어에서는 단어 자체를 반복하거나 모음을 길게 늘여 발음하는 것으로 의성어와 의태어를 대신하는 경우가 더 많습니다. 예를 들면, "bounce bounce!", "kick kick!", "throw~!", "shoot~!" 처럼요. 의성어와 의태어의 역할을 동사가 대신하기 때문에 동사 어휘의 노출 기회를 늘릴 수 있지요. 단어가 강조되는 효과도 있어 아이의 흥미와 집중도를 높이기에도 좋습니다. 다만 명확한 물체를 지칭하는 명사 어휘와 달리 동사 어휘는 움직임을 나타내기 때문에 보다 어렵고 정교합니다. 따라서 동사 어휘는 행동이나 동작이 이루어지는 순간에 해당 표현을 듣는 것이 가장 효과적이에요. 공 하나만으로도 움직임에 관한 다양한 표현을 배울 수 있습니다. 지금 당장 아이와 공놀이를 시작해보세요.

10

What's inside the box?

상자 안에 뭐가 있을까?

| 적정 연령 | 24~60개월 |

| 준 비 물 | 상자, 색도화지, 블록(또는 여러 가지 단색 물건이나 장난감) |

색깔 분류 놀이

생활 속 물건을 색깔별로 분류하며 물건의 이름과 색깔 어휘를 함께 익히는 놀이입니다. 상자 속에서 꺼낸 물건과 똑같은 색의 도화지를 찾아 차례로 매칭해보세요. 바닥에 펼쳐 놓은 도화지들의 거리를 멀게, 가깝게 조절하면서 아이가 움직이는 거리를 조정하면 더욱 재밌는 신체 활동을 할 수 있어요!

🚗 놀이 포인트

아이가 이제 막 색깔 개념을 배우기 시작했다면 블록이나 공, 색연필처럼 모양은 같되 색이 다양하게 있는 물건을 활용하는 것이 좋습니다. 사물의 명칭과 색깔의 구분을 명확히 해줄 수 있기 때문이에요. 흥미를 더하기 위해 다음에 어떤 색깔이 나올지 맞히거나, 누가 색깔을 다양하게 많이 모았는지 시합해도 좋습니다.

MP3 듣기

Adult	Let's see what's inside the box.	상자 안에 뭐가 있나 한번 보자.
	(상자에서 물건을 꺼내며) Ta-da! It's a··· block!	짜잔! 이건··· 블록이네!
	모델링 사물의 이름을 반복해서 말하며 모델링해줍니다.	
	And the color is yellow.	노란색이야!
	강조 중요한 색깔 어휘 'yellow'를 강조해주세요.	
Child	Yellow!	노란색!
Adult	That's right! It's yellow.	맞아! 노란색이야.
	Can you find the yellow paper?	노란색 종이를 찾아볼 수 있겠니?
Child	(노란색 종이를 가리킴)	
Adult	There it is! You found yellow!	거기 있네! 노란색을 찾았네!
	반복 색깔 어휘 'yellow'를 반복해 들려주세요.	
	Put the block on the paper.	블록을 종이 위에 놓아보자.
Child	(블록을 노란 종이 위에 놓음)	
Adult	What's next···?	다음은 뭘까···?
	(상자에서 물건을 꺼내며) Blue! It's a blue block.	파란색! 파란색 블록이야.
Child	Blue block.	파란색 블록.
Adult	Where's the blue paper?	파란색 종이가 어딨지?
	손짓 단서 두 팔을 벌리며 '어딨지?'를 표현해주세요.	
Child	(파란색 종이를 가리킴)	
Adult	There it is! There's blue.	거기 있네! 파란색이 거기 있네.
	Put the block on the paper.	블록을 종이 위에 놓아보자.

아이가 한국어로 사물의 명칭과 색깔의 개념을 어느 정도 이해하고 있다면 조금 더 다양한 사물로 놀이를 해봅시다. 포크, 숟가락, 접시, 컵처럼 아이가 자주 사용하는 식기나 양말, 모자 등 다양한 물건을 색색별로 모아 상자 속에 넣어보세요.

MP3 듣기

Adult	Let's see what's inside the box.	상자 안에 뭐가 들어있는지 보자.
	(상자에서 물건을 꺼내며) It's a… cup!	이것은… 컵이네!
	강조 'cup'을 강조해서 표현해주세요.	
	What color is the cup?	컵이 무슨 색이야?
Child	Blue!	파란색!
Adult	It's blue! Okay, let's match the colors!	파란색이야! 그럼 색깔을 맞춰보
	Can you find the blue bin?	자! 파란색 통을 찾을 수 있겠니?
Child	Here!	여기요!
Adult	Good! Put the blue cup in the bin.	좋아! 파란색 컵을 통에 넣어보자.
	What else is in the box?	상자 안에 또 뭐가 있을까?
	(박스에서 물건을 꺼내며) It's a….	이것은….
Child	Fork!	포크!
Adult	Yes, it's a fork!	맞아, 포크야!
	What color is the fork?	포크가 무슨 색이지?
Child	Red!	빨간색!
Adult	Yes, it's a red fork!	맞아, 빨간색이야!
	Can you find the red bin and put the fork inside?	빨간 통을 찾아서 포크를 안에 넣어줄래?

BONUS

Yay, we matched all the colors! 와, 색깔 다 맞췄다!

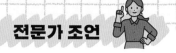

형용사는 명사나 대명사를 꾸며주는 역할을 하는 품사입니다. 영어에서는 보통 형용사가 명사 앞에 위치해 명사를 꾸며줍니다(green ball). 때로는 형용사가 동사 뒤에 위치하기도 해요. 이때는 보어 역할을 하며 앞에 있는 명사를 꾸며주기도 합니다(the ball is green). 언어발달 측면에서 색깔 어휘를 효과적으로 습득시키는 방법은 형용사가 명사 앞에 위치한 문장보다 동사 뒤에 위치한 문장을 사용해 모델링해주는 것입니다(the ball is green).

색깔 어휘를 처음 배우기 시작한 단계라면, 먼저 한 낱말 또는 형용사(green)가 동사 뒤에 위치한 문장 형태(It's green!)로 많이 들려주세요. 그런 다음 아이에게 선택권을 주고 아이 스스로 단어를 듣고 따라 말할 수 있도록 해주세요(Is it blue or green?). 아이가 어휘를 습득해감에 따라 조금씩 선택권을 줄이고, 질문에 알맞은 색깔 이름을 표현할 수 있도록 도와주세요(what color is it? - Blue!).

11

Let's build a big house!

큰 집을 만들어보자!

| 적정 연령 | 18~60개월 |
| 준 비 물 | 블록 장난감 |

반대되는 크기 개념을 익히는 놀이

아이들이 즐겨 노는 블록 장난감으로 집이나 기차를 만들면서 반대되는 크기의 개념을 배울 수 있습니다. 재밌고 반복적인 요소는 덤! 멋진 모형을 만들어낸 아이의 뿌듯함과 성취감을 함께 표현해보세요. 언어에 대한 긍정적인 경험을 만들어줄 수 있답니다.

 **놀이 포인트**

블록으로 기차 또는 건물을 지으며 긍정적인 크기의 개념(big, long, tall)을 배워봅니다. 아이가 어휘에 익숙해지면 부정어 'not'을 사용해 단어의 반대 개념 (not big, not so long, not tall)을 알려주세요.

MP3 듣기

Adult	Let's build a house! Should we make it big or not big?	집을 만들어보자! 크게 만들까 아니면 크지 않게 만들까?

> **손짓 단서** 'big'과 'not big'을 손짓, 말투, 표정으로 생동감 있게 표현해주세요.

Child	Big!	크게!
Adult	Okay, let's build a big house! How about we build a train? Should we make it long or not so long?	그래, 큰 집을 만들어보자! 기차를 만들어보는 건 어떨까? 길게 만들까 아니면 별로 안 길게 만들까?

> **손짓 단서** 'long'과 'not so long'을 손짓, 말투, 표정으로 생동감 있게 표현해주세요.

Child	Long!	길게!
Adult	Okay, let's build a long train! Why don't we build a castle? Should we make it tall or not tall?	그래, 긴 기차를 만들어보자! 성을 한번 지어보는 건 어때? 높이 만들까 아니면 높지 않게 만들까?

> **손짓 단서** 'tall'과 'not tall'을 손짓, 말투, 표정으로 생동감 있게 표현해주세요.

Child	Tall!	높게!
Adult	Okay, let's build a tall castle!	그래, 높은 성을 지어보자!

BONUS

That is not so big. 이건 별로 크지 않은데.
Let's make it bigger. 더 크게 만들자.
That is so big! 이건 엄청 크다!

놀이 포인트

아이가 어느 정도 긍정적인 크기의 개념을 이해했다면 이제는 부정적인 크기의 개념을 나타내는 단어 'small, short' 등을 소개해봅시다.

MP3 듣기

Adult	**This time I will make a small house.**	이번엔 작은 집을 만들어볼게.
	손짓 단서 'small'을 손짓으로 표현해주세요.	
	(블록으로 작은 집을 만든 후) **Look! So small.**	이것 봐! 엄청 작네.
	모델링 아이가 따라 할 수 있는 짧은 표현을 반복해서 모델링해주세요.	
Child	**So small.**	엄청 작네.
Adult	**The house is so small.**	집이 엄청 작아.
	반복 'small'을 여러 문장 속에서 반복해주세요.	
	Now I will make a short train.	이제 짧은 기차를 만들어볼게.
	손짓 단서 'short'을 손짓으로 표현해주세요.	
	(블록으로 짧은 기차를 만든 후) **Look! So short.**	이것 봐! 엄청 짧아.
	모델링 아이가 따라 할 수 있는 짧은 표현을 반복해서 모델링해주세요.	
Child	**So short.**	엄청 짧아.
Adult	**The train is so short.**	기차가 엄청 짧아.
	반복 'short'을 여러 문장 속에서 반복해주세요.	
	I will make a tiny castle.	조그만한 성을 만들어볼게.
	반복 'tiny'를 강조해 말해주세요.	
	(블록으로 작은 성을 만든 후) **Look! So tiny.**	이것 봐! 엄청 작아.
	모델링 아이가 따라 할 수 있는 짧은 표현을 반복해서 모델링해주세요.	
Child	**So tiny.**	엄청 작아.
Adult	**The castle is so tiny.**	성이 엄청 작아.
	반복 'tiny'를 여러 문장 속에서 반복해주세요.	

부모님들이 아이에게 영어 교육을 할 때면 어휘를 확장시키기 위해 'big/small, tall/short'와 같은 반의어 개념부터 시작하는 경우를 많이 봅니다. 미국에서도 마찬가지예요. 영어를 모국어로 배우는 가정에서도 흔히 볼 수 있는 모습이지요. 그런데 사실 이이들이 'big, tall'과 같은 크기나 형용사의 개념을 이해하기 시작하는 것은 약 2세 반부터이지만 'big/little'과 같은 반의어 개념을 이해하기 시작하는 것은 4세가 되어야 가능해집니다.

또 아이들은 주로 특성이 더욱 도드라지는 개념을 먼저 습득하는 경향이 있습니다. 예를 들면 작거나 짧은 개념보다 크거나 긴 개념을 먼저 습득하죠. 따라서 아이가 이제 크기의 개념을 배우기 시작하는 단계에 있다면 'big, tall, long'과 같은 표현을 먼저 공략해보세요. 이때 기억해야 할 것이 있습니다. 처음부터 반대되는 어휘를 함께 소개하기보다 'not'과 같은 부정어를 사용해 첫번째 개념을 먼저 익힐 수 있도록 하는 것이 좋습니다(Should we make it big or not big?).

12

I only like fruits!
나는 과일만 좋아해!

| 적정 연령 | 24~60개월
| 준 비 물 | 음식 낱말 카드, 괴물 인형(퍼펫)

음식 어휘와 범주화 놀이

음식 어휘는 평소 식사시간이나 마트 등 실생활 속에서 자연스럽게 익힐 수 있는데요. 놀이를 통하면 더욱 재밌게 어휘를 자극할 수 있답니다. 괴물 인형을 사용해 음식 놀이를 해보세요. 한 가지 범주의 음식만 좋아하는 괴물을 생동감 있게 표현하며 다양한 음식 어휘와 범주어를 배워보아요!

놀이 포인트

먼저 괴물 인형에게 'Fruit Monster, Veggie Monster, Meat Monster, Dessert Monster' 같은 이름을 지어주세요. 한 가지 범주의 음식만 좋아하는 괴물은 다른 음식이 입에 들어오면 모두 뱉어냅니다. 여러 종류의 음식이 그려진 낱말 카드를 가지고 아이와 함께 괴물이 좋아하는 음식을 찾아보세요.

MP3 듣기

Adult	Hello, I'm a fruit monster!	안녕, 나는 과일 괴물이야!
	I only like fruits!	과일만 좋아하지!
	Can I please have a fruit?	과일 하나만 줄래?
Child	(퍼펫에게 사과를 줌)	
Adult	Mm, apple! I love apples!	오, 사과! 사과 엄청 좋아하는데!
	Yum yum yum. Yummy apple!	냠냠냠. 맛있는 사과!
	반복 과일 어휘를 반복해 들려주세요.	
	Give me some more fruits, please!	과일을 좀 더 줘!
Child	(퍼펫에게 과자를 줌)	
Adult	A cookie? (먹는 척하며) Ugh, yucky!	과자? 윽, 맛없어!
	I do not like cookies.	과자는 좋아하지 않아.
	Give me more fruits, please!	과일을 더 줘!

BONUS

That does not taste very good. 그건 별로 맛이 없다.

That does not taste good at all! 그건 정말 맛이 없네!

놀이 포인트

음식 어휘에 대한 충분한 인풋과 이해가 쌓였다면, 이제는 'what'을 사용한 질문에 대답하는 형식으로 발화를 유도해보세요.

MP3 듣기

Adult	Hello, I'm a drink monster!	안녕, 나는 음료수 괴물이야!
	I only like drinks!	음료수만 좋아하지!
	강조&손짓 단서 'drinks'를 강조하며 손가락으로 가리켜주세요.	
	Please give me something to drink!	마실 것을 좀 줘!
	What is that?	그건 뭐니?
Child	Water!	물!
Adult	Oh, water! That is a drink!	아, 물! 그건 음료수가 맞네!
	I'm gonna drink some water. Gulp gulp gulp.	물을 좀 마셔야겠다. 꿀꺽꿀꺽.
	Yummy! Thank you, that was delicious!	맛있다! 고마워, 정말 맛있었어!
	Can I please have some more things to drink?	마실 것을 좀 더 줄 수 있을까?
	What is that?	그건 뭐야?
Child	Banana.	바나나.
Adult	A banana? Hm, let me try some.	바나나? 음, 한번 먹어보자.
	Ugh, yucky! That's not a drink!	윽, 맛없어! 음료수가 아니잖아!
	It's a fruit!	과일이라구!
	Please give me something to drink!	마실 것을 좀 줘!

BONUS

Let me taste it. 맛을 한번 봐야겠다.
Let me take a bite. 한 입 먹어봐야겠다.

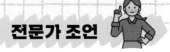

전문가 조언

아이들은 수많은 어휘를 듣고 머릿속으로 정리합니다. 어떤 단어들이 어떤 범주 안에 들어가는지, 어떤 범주 안에 어떤 단어들이 들어가는지 '범주화'할 때 더욱 효율적으로 새로운 어휘를 저장하고 기억하며 제때 사용할 수 있지요. 과일, 채소 등 다양한 범주어를 들려주고, 그 범주 안에 어떤 어휘가 들어가는지 퀴즈처럼 아이와 엄마가 서로 맞히는 식으로 이야기해보세요. 어휘 특성에 따라 묶는 연습을 하면 어휘 습득의 효율을 높일 수 있습니다. 물론 하루아침에 되지 않아요. 오랜 기간에 걸쳐 꾸준히 어휘의 다양한 분류와 범주를 들려주며 천천히 노출을 쌓아주세요.

13

Thank you!

고마워!

| 적정 연령 | 18~48개월 |
| 준 비 물 | 풍선 |

예절 표현 놀이

아이들은 언제나 풍선을 좋아하죠. 신체 활동에 언어적 요소를 더하면 훨씬 활발하게 상호작용을 주고받을 수 있습니다. 풍선을 활용한 생동감 넘치는 놀이로 상대방을 배려하며 친절하게 주고받을 수 있는 여러 표현과 방법을 배워봅시다.

🚗 **놀이 포인트**

아이와 풍선을 주고받는 놀이부터 해볼까요? 사람이 많으면 많을수록 좋습니다. 풍선을 던지는 사람이 받는 사람의 이름을 부르며 시작해요. 풍선을 받는 사람은 "Thank you!"라고 답합니다. 풍선을 높이 던지기도 하고 멀리 던지기도 하면서 아이의 흥미를 유발해보세요.

MP3 듣기

Adult	Gio, here you go!	지오야, 여기!
	손짓 단서 한 손을 입에 갖다 대고 이름을 불러주세요.	
	(풍선을 던지며) Catch!	잡아!
Child	(풍선을 잡고 다시 던지며) Mommy, here you go!	엄마, 여기요!
Adult	Thank you!	고마워!
	강조&모델링 고마움을 명확하게 표현하며 모델링해주세요.	
	Gio, here you go!	지오야, 여기!
	반복 같은 표현을 여러 번 반복해 들려주세요.	
Child	Thank you!	고마워요!

\\ /
BONUS

Catch the balloon! 풍선을 잡아!

LEVEL 2

 놀이 포인트

이번에는 언어치료실에서 활용하는 간단한 풍선 놀이입니다. 바로 풍선 로케트인데요. 아이가 부모에게 요구 표현을 할 때 매우 유용한 방법이지요. 바람을 넣은 풍선을 묶지 않고 손으로 잡고 있다가 허공으로 발사하는 놀이입니다. 'more, go, up, down' 등의 단어를 사용해 행동을 요구하거나 "more, please!"와 같은 예절 표현을 사용할 수 있도록 유도해주세요.

MP3 듣기

Adult	Let's make a balloon rocket.	풍선 로케트를 만들어보자.
	Ready, set… go!	준비… 발사!
Child	More!	또!
Adult	More? Okay. More, please!	또? 그래. 또 해주세요!
	모델링 아이가 요구할 때 사용할 수 있는 표현을 모델링해주세요.	
	(풍선을 다시 불고) Ready, set….	준비….
	멈추고 기다림 아이가 마지막 단어를 채우도록 기다려주세요.	
Child	Go!	발사!
	(풍선을 다시 가져오며) More!	또!
Adult	More, please!	또 해주세요!
	멈추고 기다림 아이가 확장된 표현을 모방하는지 멈추고 기다려보세요.	
Child	More, please!	또 해주세요!
Adult	Okay.	그래.
	Should we make it go up or down?	위로 가게 할까 아니면 밑으로 가게 할까?
	강조 'up'과 'down'을 강조해 표현해주세요.	
Child	Up!	위로!
Adult	Up, please!	위로 가게 해주세요!
	멈추고 기다림 아이가 표현을 모방할 수 있도록 멈추고 기다려보세요.	
Child	Up, please!	위로 가게 해주세요!
Adult	Okay, here we go! Ready, set….	그래, 간다! 준비….
Child	Go!	발사!

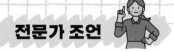

우리나라 부모들과 마찬가지로 미국 부모들도 아이가 타인에게 예의를 갖추는 것을 매우 중요하게 생각합니다. 아이가 진정으로 타인의 마음을 이해할 수 있게 되는 시기는 4~7세 즈음이지만, 어릴 때부터 "Please~", "Thank you!"와 같은 예절 표현을 사용할 수 있도록 언어 습관을 들여주는 것이 좋습니다.

공이나 풍선을 주고받는 놀이를 할 때 무작정 던지는 것보다 아이의 이름을 부르며 주의를 끌고, 그 다음 예절 표현을 하도록 행동을 이행해주세요. 자연스럽게 사회적 습관을 연습할 수 있답니다. 아이와 풍선을 주거니 받거니 하며 대화의 기본이 되는 'Turn-taking(주고받기)'의 기초를 쌓아보세요.

14 Let's make some lollipops!
막대사탕을 만들자!

| 적정 연령 | 24~48개월 |
| 준 비 물 | 플레이도우, 종이, 투명 바인더 |

색깔과 동작어 놀이

아이들이 좋아하는 플레이도우나 클레이를 활용해 여러 가지 놀이를 할 수 있어요. 그중에서 색깔 개념과 동작어를 들려주기 좋은 놀이를 소개합니다. 아이와 함께 동그랗고 커다란 막대사탕을 만든 후 누르고, 밀고, 붙이는 등의 동작어를 표현해보세요.

놀이 포인트

종이에 여러 개의 막대사탕을 그린 후 투명 바인더에 종이를 끼웁니다. 플레이도우로 공을 만들어 아이에게 건네주세요. 아이는 막대사탕 그림 위에 플레이도우를 꾹 눌러 납작한 막대사탕 모양을 만듭니다. 아이가 원하는 색깔로 여러 가지 막대사탕을 완성해보세요.

MP3 듣기

Adult	Let's make some lollipops!	여러 개의 막대사탕을 만들자!
	What color do you want? Red or pink?	어떤 색깔을 줄까? 빨간색 아니면
	손짓 단서 각각의 색깔 플레이도우를 들거나 가리키며 말해주세요.	분홍색?
Child	Pink!	분홍색!
Adult	You want pink!	분홍색을 원하는구나!
	모델링 아이가 말한 단어를 문장 표현으로 확장해 모델링해줍니다.	
	(분홍색 플레이도우를 주며) Here's pink!	여기, 분홍색!
	반복 색깔 어휘를 반복해 들려주세요.	
	(공을 동그라미 위에 놓고) Smash the pink! Smash~!	분홍색을 꾹 눌러!꾸욱~!
Child	Smash~!	꾸욱~!

BONUS

You made a pink lollipop! 분홍색 막대사탕을 만들었네!

놀이 포인트

플레이도우 놀이의 가장 큰 장점은 여러 가지 동작어를 들려줄 수 있다는 것입니다. 플레이도우를 누르고, 밀고, 자르고, 떼고, 붙이는 등 다양한 동작을 표현하며 여러 모양의 막대사탕을 만들어보세요. 같은 문장 패턴에서 동작어만 변형해 들려주면 동사의 의미를 더욱 효과적으로 전달할 수 있답니다.

MP3 듣기

Adult	Roll the Play-Doh! Roll roll roll~.	점토를 굴려요. 떼굴떼굴~.

> **반복** 동작어를 동작과 함께 짧은 단어로 반복해 들려주세요.

	Cut the Play-Doh. Cut cut!	점토를 잘라요. 쓱싹쓱싹!
Child	Cut cut!	쓱싹쓱싹!
Adult	Pull it apart! Pull~!	서로 떼어요! 쭈욱~!
Child	Pull~!	쭈욱~!
Adult	Push the Play-Doh. Push~!	점토를 눌러요. 꾸욱~!
Child	Push~!	꾸욱~!
Adult	Squish it together! Squish~!	같이 으깨요! 조물조물~!
	Pat the Play-Doh. Pat pat.	점토를 토닥거려요. 토닥토닥.
	Poke some holes. Poke poke!	구멍을 만들어요. 뿅뿅!
Child	Squish! Pat pat. Poke poke!	조물조물! 토닥토닥. 뿅뿅!

BONUS

Make it into a circle! 동그라미로 만들어보자!

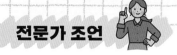

전문가 조언

미국에서 흔히 플레이도우^{Play-Doh}라고 부르는 점토놀이는 언어치료 수업에서도 매우 자주 사용됩니다. 특히 낱말 어휘를 쌓아가는 단계의 아이들에게 다양한 동작어를 들려주고 발화를 유도하기에 아주 유용하기 때문이죠. 발화 초기 단계의 아이들에게는 짧은 문장 패턴을 사용하거나, 행동과 함께 동작어를 짧은 단어 형태로 반복해 들려주는 전략을 많이 사용합니다. 더불어 색깔 어휘를 배우기 시작하는 아이들에게도 선택지를 주며 색깔 개념을 알려주고, 발화를 유도할 수 있습니다.

15 Squeaky clean!
반짝반짝 깨끗해졌다!

| 적정 연령 | 24~60개월 |
| 준 비 물 | 청소기, 빗자루, 먼지털이 등 청소도구 |

생활 가구와 청소 어휘 놀이

한창 청소에 관심이 많아지는 영유아 시기에는 엄마가 하는 거라면 무엇이든 나서서 도우려고 하죠. 이때는 아이가 마음껏 집안일에 참여할 수 있도록 환경을 만들어주세요. 자아효능감과 자존감을 길러줄 수 있답니다. 집안 곳곳을 청소하며 일상에 숨어 있는 언어를 자극해주세요!

놀이 포인트

청소 활동마다 3단계로 표현해보세요. 1. Let's…(~하자) 2. Action!(동작어 표현) 3. All clean!(상태) 이처럼 간단하고 반복적인 문장 패턴을 사용하면 더욱 쉽게 발화를 유도할 수 있다는 점, 기억하세요.

MP3 듣기

Step 1

Adult Let's clean the room!   방을 치우자!

모델링&손짓 단서 청소하는 행동과 동시에 표현을 모델링해주세요.

Let's vacuum the floor.   청소기를 돌리자.

강조 동작어 'vacuum'을 강조해 들려주세요.

Let's sweep the floor. Let's mop the floor.   바닥을 쓸자. 바닥을 밀대로 밀자.
Let's wipe the table. Let's wash the toys.   식탁을 닦자. 장난감을 씻자.

Step 2

Adult Clean, clean! Clean the room.   반짝반짝! 방을 치우자.
Vacuum, vacuum! Vacuum the floor.   웅웅! 청소기를 돌리자.
Sweep, sweep! Sweep the floor.   쓱싹쓱싹! 바닥을 쓸자.
Mop, mop! Mop the floor.   쓱싹쓱싹! 바닥을 밀대로 밀자.
Wipe, wipe! Wipe the table.   쓱싹쓱싹! 식탁을 닦자.
Wash, wash! Wash the toys.   뽀득뽀득! 장난감을 씻자.

Step 3

Adult All clean! Squeaky clean!   깨끗해졌다! 반짝반짝 깨끗해졌다!
This room is spotless!   방이 엄청 깔끔해졌네!

BONUS

This room is a mess! 방이 엉망이네!
The floor is very dirty. 바닥이 매우 더럽네.

놀이 포인트

첫 단계에서 행동과 동시에 해당 표현을 들려줌으로써 표현의 이해를 도왔다면, 이번에는 아이에게 지시사항을 내리고 아이가 반응할 수 있도록 유도해보세요. 아이가 행동을 묘사하는 동작을 이해하기 시작했다면, 비슷한 패턴을 사용해 생활 가구와 장소에 관한 어휘까지 확장해보세요.

MP3 듣기

Adult Can you wipe the window? | 창문 좀 닦아줄래?

멈추고 기다림 잠시 멈추어 아이가 반응할 수 있는 기회를 주세요.

Could you wipe the mirror? | 거울도 좀 닦아줄래?

손짓 단서 아이가 변별하지 못하는 단어는 손짓으로 대상을 가리켜주세요.

Should we wipe the chairs? | 의자도 닦아볼까?

Do you want to wipe the doors? | 문도 닦아볼래?

지시하기(집안 여러 장소)

Adult Now let's clean the living room! | 이제 거실도 치워보자!

손짓 단서 장소를 가리키며 표현해주세요.

Let's clean your bedroom. | 네 방도 치우자.

Let's clean mommy and daddy's room. | 엄마, 아빠 방도 치우자.

지시하기(위치 개념)

Adult Sweep under the table, too! | 책상 밑도 닦아보자!

강조&손짓 단서 위치 어휘를 강조하며 손으로 위치를 가리켜주세요.

Sweep behind the door. | 문 뒤도 닦아요.

Sweep between the chairs. | 의자 사이도 닦아요.

Sweep around the couch. | 소파 주위도 닦아요.

Sweep the front of the balcony. | 베란다 앞도 닦아요.

BONUS

Where do you want to clean next? 다음은 어디를 치울래?

What else can we clean? 또 무엇을 치울 수 있을까?

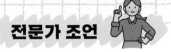
전문가 조언

동작어나 동사는 명사에 비해 구체적이지 않고 유동적이기 때문에 아이들이 어려워합니다. 아이에게 동작어의 의미를 효과적으로 이해시키는 좋은 방법이 있는데요. 바로 행동이 이루어지는 순간, 또는 행동이 이루어진 직후 즉각적으로 그에 상응하는 표현을 들려주는 것입니다. 청소는 같은 행동이 단기간 유지되는 활동이므로 동작어를 반복적으로 들려주기 좋습니다. 특히 2~4세는 자아가 활발히 발달하는 시기로, 스스로 행동하고 성취하는 경험이 쌓일수록 자존감과 자아효능감이 높아집니다. 아이 눈높이에 맞춘 청소 놀이는 언어발달은 물론 정서발달에도 큰 도움이 됩니다. 노래하듯 억양의 높낮이를 바꾸거나 멜로디를 넣어 동작어를 강조하는 식으로 놀이에 재미를 더해보세요.

미국 가정에서 흔히 부르는 노래

영유아기 언어 수업에서 절대 빠지지 않는 것이 바로 노래와 율동입니다. 유대관계를 형성하는 데 효과적일 뿐 아니라 동요의 반복적이고 상호적인 요소가 언어 습득과 촉진에 큰 힘을 실어주기 때문입니다.

요즘은 유튜브 검색으로도 손쉽게 영어 노래를 찾아 들을 수 있는데요. 특별히 미국 가정에서 흔히 부르는 노래를 선별해 소개하는 이유가 있습니다. 영어 노래라고 해서 다 좋은 건 아니에요. 아이에게 좋은 언어 자극을 줄 수 있어야 하죠. 영어 교육과 관련해 '흘려듣기'라는 표현을 들어본 적이 있을 겁니다. 맥락에 상관없이 흘려듣는 것만으로는 해당 언어를 충분히 이해하고 받아들이는 데 효과적이지 않습니다. 아이에게 좋은 언어 자극을 주는 노래는 다음과 같은 특징을 갖고 있습니다.

포인트

① 아이가 참여할 수 있는 간단한 노래
아이가 쉽게 따라 하거나 맥락을 통해 쉽게 이해할 수 있는 노래일수록 부모와 풍성한 상호작용을 이룰 수 있습니다.

② 반복성 있는 노래
반복적인 가사와 표현은 언어 습득의 효율을 높여줍니다.

③ 율동할 수 있는 노래
율동은 그 자체로 아이의 흥미와 참여도를 높입니다. 뿐만 아니라 노래 가사의 의미를 명확히 이해할 수 있도록 도와주기 때문에 부모와의 상호작용이 원활해지지요.

3가지 기준에 따라 아이에게 좋은 언어 자극을 주는 노래이자 미국 가정에서 활용했을 때 가장 효과적이었던 노래를 소개합니다. 물론 아이의 성향과 취향에 따라 선호하는 노래가 다를 수 있습니다. 아이가 즐겁게 따라 할 수 있는 노래를 찾는 과정에 이 리스트가 도움이 되기를 바랍니다.

❶ Wheels on the bus

아이와 함께 노래를 부르다가 마지막 소절에서 잠시 멈추고 기다려보세요. 아이가 직접 노래를 완성할 기회를 주면 더욱 풍성한 상호작용을 주고받을 수 있습니다.

❷ Twinkle Twinkle Little Star

간단한 율동이 반복되어 아이가 따라 하기 쉬워요. 아이와 마주보고 앉아 밝은 표정으로 율동을 보여주면 아이도 함께 노래를 따라 부르기 시작할 거예요.

❸ Row Row Row Your Boat

앞뒤로 왔다갔다하는 움직임이 아이들에게 큰 즐거움과 참여 동기를 심어줍니다. "If you see a crocodile, don't forget to scream, ah!"와 같이 2, 3절의 재미있는 가사도 잘 활용해보세요.

❹ If You're Happy and You Know It

"Clap your hands.", "Stomp your feet." 등 마지막 소절을 활용해 다양한 동사를 들려주세요. "Say moo!", "Hop like a bunny!" 처럼 재미있는 소리와 동작을 덧붙여 동물 흉내도 내보세요.

❺ Pat-A-Cake

우리나라의 '쎄쎄쎄'처럼 즐겨 보세요. 가사를 직관적으로 표현하는 동작은 언어의 이해력을 높여줍니다. 미국에서 자란 아이라면 모두 아는 노래일 정도로 대중적이기 때문에 미국 문화를 배우기에도 좋답니다.

❻ Itsy Bitsy Spider

간단하고 재미있어서 반복하기 좋은 노래예요. 새로운 소절이 시작될 때 잠시 멈추어 아이가 먼저 말하도록 기다려보세요. 아이가 더욱 적극적으로 참여할 수 있는 좋은 기회가 될 겁니다.

❼ Head Shoulders Knees and Toes

다양한 신체 부위를 손가락으로 가리키며 어휘를 쉽게 익힐 수 있어요. 빠르거나 천천히, 큰 목소리/작은 목소리, 높은 목소리/낮은 목소리 등 다양한 버전으로 아이의 흥미를 높여주세요.

❽ Ring Around the Rosie

여러 아이들과 함께 부를수록 더욱 재미있는 노래예요. 하이라이트는 바로 마지막 단어! 아이가 직접 "Down!" 하고 외칠 수 있도록 기다리면 더 신이 나서 참여한답니다.

⑨ Open Shut Them

기존 노래는 간단한 상호작용을 하거나 아이의 주의를 끌기 좋은데요. 유튜브 'Ms. Rachel' 버전은 다양한 동사와 형용사가 포함되어 있어 여러 개념을 익히기에 좋아요.

⑩ Old McDonald Had a Farm

다양한 동물의 이름과 동물이 내는 소리를 함께 배울 수 있어 매우 유용한 노래입니다. 집에 동물 인형이나 여러 동물이 등장하는 책이 있다면 함께 활용해보세요.

⑪ Hokey Pokey

일어서서 움직이며 부르는 노래로 활동적인 아이들의 흥미를 자극하기 좋습니다. 가사를 듣고 앞의 행동을 기억해야 하기 때문에 청각 주의력과 작업 기억력을 도와줍니다.

⑫ Slippery Fish

재미있는 손유희와 고조되는 기대감 때문에 많은 아이들의 사랑을 받는 노래예요. 목소리 크기와 손동작을 조절하며 생동감 있게 표현하는 게 포인트입니다.

⑱ Mulberry Bush
(This is the way we __)

"This is the way we brush our teeth…(put on our shoes…/ get dressed…)"처럼 같은 멜로디에 가사를 바꿔 일상생활에 적용해보세요. 아이가 가사 표현을 더 깊게 이해할 수 있도록 도와 줍니다.

SINGLE WORDS TO SENTENCES

2

낱말에서 문장으로

놀이를 통한 반복 노출로 아이가 이해할 수 있는 어휘가 어느 정도 쌓였나요? 짧은
표현을 모방하는 빈도수가 늘었다면 자발적인 발화를 유도하면서 표현을 확장해봅
시다. 아이 스스로 대답할 수 있는 간단한 질문, 더욱 섬세한 어휘, 초기 문법 형태소
를 포함한 문장들을 자극하는 재밌는 놀이를 소개합니다.

Hop like a bunny!
토끼처럼 깡충깡충 뛰어보자!

| 적정 연령 | 24~60개월 |
| 준 비 물 | 동물 그림카드, 상자 |

동물의 동작 어휘를 익히는 놀이

아이들은 우스꽝스러운 행동이나 소리에 까르르 좋아하며 따라 하려고 해요. 아이들의 관심이 높은 만큼 동물의 동작을 몸으로 실감나게 표현하며 그에 상응하는 동작 어휘와 문장 표현을 배워봅시다. 동물 그림카드를 가지고 다니면 병원이나 식당 등 차례를 기다리는 시간에 놀이할 수 있어요.

🚗 놀이 포인트

상자에서 동물 그림카드를 하나씩 꺼내며 해당 동물을 흉내 내는 놀이입니다. 첫 단계에서는 아이가 다양한 동작 어휘를 직접 행동하면서 익히는 과정을 거칠 수 있도록 카드를 꺼낼 때마다 모두 함께 참여하며 동작을 수행합니다. 동작을 수행함과 동시에 그에 알맞은 동물 소리(의성어)를 내거나 또는 동작어(동사)를 반복해 들려주세요.

MP3 듣기

Adult

We're going to act out the animals!
Let's draw a card from the box.
(상자에서 카드를 꺼내며) We got a… bunny!

강조&손짓 단서 'bunny' 카드를 보여주며 단어를 강조해 말해주세요.

Hop like a bunny! Hop hop!

반복 동작 어휘인 'Hop'을 반복해 들려주세요.

I'm a bunny! Hop hop!

모델링 간단한 문장을 모델링해주세요.

We're hopping like a bunny! Hop hop!

What's next?

동물 흉내를 내볼 거야!
상자에서 카드를 한 장 꺼내보자.
토끼가 나왔네!

토끼처럼 깡충깡충 뛰어보자!
깡충깡충!

나는 토끼야! 깡충깡충!

우리는 토끼처럼 깡충깡충 뛰고 있어! 깡충깡충!

다음은 뭘까?

* 248쪽에서 더 많은 동물의 동작 어휘를 만날 수 있어요.

BONUS

What do bunnies do? 토끼는 어떻게 하지?
Bunnies like to hop. Like this! 토끼는 깡충깡충 뛰어다니는 걸 좋아해. 이렇게!

놀이 포인트

첫 단계를 통해 다양한 동작 어휘에 조금 익숙해졌다면 이제는 부모와 아이가 차례대로 돌아가면서 카드를 꺼내보아요. 부모가 카드를 꺼내며 질문을 하면 아이가 동작을 수행함으로써 언어 자극을 더욱 풍성히 할 수 있습니다. 카드의 동물 동작을 성공적으로 수행해 카드를 모으는 게임으로도 즐겨보세요.

MP3 듣기

Adult	(카드를 꺼내며) You got a⋯ bee!	벌이 나왔네!
	강조&손짓 단서 'bee' 카드를 보여주며 단어를 강조해 말해주세요.	
	Can you buzz like a bee?	벌처럼 윙윙 소리낼 수 있니?
Child	Buzz!	윙윙!
Adult	Awesome! You're buzzing like a bee!	와! 벌처럼 윙윙 소리를 내네!
	모델링 문장 형태의 표현을 모델링해주세요.	
Child	Your turn, Mommy.	엄마 차례예요!
	Can you roll like a pig?	돼지처럼 구를 수 있어요?
Adult	Yes, I can roll like a pig.	응, 돼지처럼 구를 수 있어.
	Roll!	데굴데굴!
Child	My turn!	이제 내 차례예요!
Adult	Okay, can you⋯ slither like a snake?	알았어. 뱀처럼 기어갈 수 있니?
Child	No, how do you do it?	아니요, 어떻게 해요?
Adult	(뱀처럼 움직이며) You go like this! Sssss!	이렇게 해 봐! 스르르!
Child	Sssss!	스르르!

BONUS

What animal is this? 무슨 동물이야?
Which animal is it? 어떤 동물이야?

한 연구에서 4세 아이들의 외국어 어휘 습득에 대한 실험을 세 그룹으로 나눠 진행했습니다.[1] 첫 번째 그룹은 동물 어휘를 능동적인 동작(일어서서 직접 동물의 행동 표현)과 함께 배우고, 두 번째 그룹은 앉아서 간단한 손동작과 함께 동물 어휘를 익혔습니다. 세 번째 그룹의 아이들은 어떠한 동작이나 행동 없이 동물 어휘를 배웠습니다. 그 결과, 능동적인 동작과 함께 동물 어휘를 배운 아이들이 가장 효과적으로 어휘를 습득했습니다. 이처럼 적극적인 신체 활동은 새로운 어휘를 이해하고 기억하는 학습의 효과를 높일 수 있습니다. 특히 아이가 활동적인 성향이라면 또는 언어를 귀로 듣기만 하는 것보다 표정과 행동, 그림 등 다양한 시각적 단서가 주어졌을 때 더욱 잘 이해하고 처리할 수 있는 아이라면 언어와 손짓, 몸짓, 행동 등을 함께 제공해주세요. 놀랍도록 큰 학습 효과를 불러일으킬 겁니다.

---

1 Toumpaniari, K., Loyens, S., Mavilidi, M.-F., & Paas, F. (2015). Preschool children's foreign language vocabulary learning by embodying words through physical activity and gesturing. Educational Psychology Review, 27(3), 445–456.

Which one is the tallest?

어느 것이 키가 가장 클까?

| 적정 연령 | 30~60개월
| 준 비 물 | 크기가 서로 다른 병 3개, 부드러운 인형 여러 개

수 개념 놀이

아이들을 키우다 보면 하나둘 사준 인형이 어느새 집안 곳곳에 쌓여 있을 거예요. 그 인형들을 가지고 늘 소꿉놀이와 역할놀이를 했겠지만, 이번에는 아주 색다른 놀이를 해봅시다. 인형들을 모아 여러 종류의 통에 꾹꾹 눌러 담으며 수와 크기를 비교하는 놀이입니다.

LEVEL 1

🚗 **놀이 포인트**

크기가 가장 큰 통에 인형들을 꾹꾹 눌러 담습니다. 총 몇 개의 인형을 넣었는지 하나씩 꺼내며 아이와 함께 세어보세요. 수 개념의 가장 기초적인 표현들(all, more, one, empty, full, etc.)을 자연스럽게 자극할 수 있습니다.

MP3 듣기

Adult	Look! It's empty!

Adult Look! It's empty!

Let's put all the stuffies inside! Ready?

(통에 인형을 넣으며) **Put it in!**

손짓 단서&강조 반복되는 행동과 함께 표현을 반복해주세요.

One, two, three, four, five, six….

Can I have one, too?

Can I have another one?

More? Let's put in more stuffies.

강조 'more'를 강조해 말해주세요.

Push it in! Push!

손짓 단서&강조 행동과 함께 'push'를 강조해 말해주세요.

Now, is it full?

Okay, let's take them all out!

Let's see how many stuffies we fit in there.

One, two, three, four….

이것 봐봐! 텅 비었네!

통 안에 인형을 다 넣어보자! 준비 됐니? 안에 넣어!

하나, 둘, 셋, 넷, 다섯, 여섯….

나도 하나 줄래?

또 하나 줄래?

더? 인형을 더 넣어보자.

밀어 넣어! 꾸욱!

이제 가득 찼나?

자, 전부 다 꺼내보자!

통 안에 인형을 몇 개 넣었는지 세어보자. 하나, 둘, 셋, 넷….

BONUS

Wow, so many stuffies! 와, 인형 정말 많다!

That's a lot of stuffies. 정말 많은 인형이다.

110

놀이 포인트

크기가 서로 다른 여러 개의 통에 인형들을 넣으며 크기와 양을 비교해보세요. 그 다음엔 인형들을 모두 꺼내 벽에 세우고 키를 재며 비교하는 놀이도 해봅시다. 높이와 관련된 표현들(taller, tallest, shorter, shortest, etc.)을 자연스럽게 자극해보세요.

MP3 듣기

Adult	Which one is the tallest?	어느 것이 키가 가장 클까?

> **손짓 단서** 두 손을 위아래로 길게 펼치며 'tallest'를 표현해주세요.

Child	The teddy bear!	곰돌이 인형!
Adult	You're right! Teddy bear is the tallest.	맞아! 곰돌이 인형이 가장 크지.
	Which one is the smallest?	그럼 어느 것이 가장 작을까?

> **손짓 단서** 두 손으로 '작다'를 표현해주세요.

Child	The bunny!	토끼요!
Adult	Yes, the bunny is the smallest.	맞아, 토끼가 가장 작네.
	How about these two?	그럼 이 두 개는?
	Which one is taller?	어느 것이 키가 더 크니?
Child	The giraffe!	기린이요!
Adult	Yeah, the giraffe is taller.	응, 기린이 더 크네.
	And the tiger is smaller.	호랑이는 더 작네.

> **손짓 단서** 각 인형을 가리키며 말해주세요.

BONUS

This one has the most stuffies! 여기에 인형이 가장 많이 들어갔네!

This one has the fewest. 여기가 가장 적다.

There's more in here than this one. 이게 이것보다 더 많네.

There's less in here than that one. 이게 저것보다 더 적네.

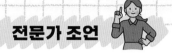

보통 아이들은 2~3세 사이에 '하나(one), 전부(all), 조금(some)'과 같이 단순한 수의 개념과 비교급을 포함한 표현(~가 '더'/more~)을 먼저 이해하고 사용하기 시작합니다. 그리고 4세쯤에 더욱 정교한 비교급(~보다, 더/-er)과 최상급(가장, 제일/-est)의 개념을 이해하게 되지요. 이는 인지적 개념의 발달에 따라 언어가 함께 발현되는 부분이기 때문에 영어나 한국어가 비슷한 시기에 이루어진다고 볼 수 있습니다. 특히 학령기 때도 여러 과목 안에서 대상을 비교하고 대조하며 사고를 넓혀가는 활동이 많기 때문에 미국에서도 중요하게 가르치는 언어적 요소 중 하나입니다. 따라서 아이의 발달 시기에 알맞은 개념과 표현을 사용해 계속 자극하며 아이의 흥미를 유발해보세요!

03

The lion is walking!

사자가 걷고 있어!

| 적정 연령 | 24~48개월
| 준 비 물 | 동물 피규어, 큰 도화지, 물감

주어와 동사 수 일치 놀이

동물 장난감의 발바닥에 물감을 묻힌 후 도화지에 찍어 발자국을 만드는 놀이입니다. 한 마리 동물의 발자국에는 단수 동사 'is'를, 여러 동물의 발자국에는 복수 동사 'are'를 사용합니다. 주어와 동사의 수 일치 개념을 쉽게 구분할 수 있겠죠?

놀이 포인트

아이와 함께 동물들이 걷거나 뛰는 등의 동작을 묘사하며 간단한 문장을 만들어봅시다. 아이의 흥미가 쑥 올라갈 거예요. 단수 동사 'is'를 사용한 현재진행형 (-ing) 표현을 만들어볼 수도 있어요.

MP3 듣기

Adult | Look! The lion is walking! Walk walk. | 이것 봐! 사자가 걷고 있어! 어슬렁 어슬렁.

강조 문장에서 'is'가 명확하게 들리도록 말해주세요.

The dog is running. Run run run! | 강아지가 뛰고 있어. 뛰어 뛰어!

반복 동작어가 익숙해지도록 의태어처럼 반복해 들려주세요.

The elephant is stomping. | 코끼리가 쿵쾅대고 있어.
Stomp stomp. | 쿵쾅쿵쾅.
The bunny is hopping. | 토끼가 뛰고 있어.
Hop hop. | 깡충깡충.
The frog is jumping. | 개구리가 점프하고 있어.
Jump jump. | 점프점프.
The spider is crawling. | 거미가 기어가고 있어.
Crawl crawl. | 슬금슬금.
The penguin is waddling. | 펭귄이 뒤뚱거리고 있어.
Waddle waddle. | 뒤뚱뒤뚱.
The fish is swimming. | 물고기가 헤엄치고 있어.
Swish swish. | 휙휙.

BONUS

The lion is making blue tracks! 사자가 파란색 발자국을 만들고 있네!

놀이 포인트

도화지 위에 동물들이 남긴 발자국을 관찰하며 어떤 동물의 것인지 아이와 함께 이야기를 나눠보세요. 복수 동사 'are'와 소유격 '-'s'를 사용한 문장도 반복해 들려주세요.

MP3 듣기

Adult	These are the lion's tracks!	이건 사자 발자국이야!

모델링 단어 하나하나를 천천히, 명료하게 발음해주세요.

	These are the dog's tracks.	이건 강아지 발자국이네.

강조 소유격 -'s가 잘 들리도록 강조해 말해주세요.

	Here are the elephant's tracks.	코끼리 발자국이 여기 있네.
	Here are the bunny's tracks.	토끼 발자국이 여기 있네.

아이가 표현에 익숙해지면 조금씩 질문(where이나 who를 활용한 문장)을 던지며 발화를 유도해보세요.

Adult	Where are the frog's tracks?	개구리 발자국은 어딨지?
Child	Here they are!	여기 있네!
Adult	Whose tracks are these?	이건 누구 발자국일까?
Child	These are the spider's tracks.	이건 거미 발자국이에요.

BONUS

Wow, look at all the tracks! 우와, 발자국들 좀 봐!
The penguin made red tracks. 펭귄은 빨간색 발자국을 만들었네.

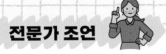

전문가 조언

한국어는 주어의 수에 따라 동사가 변동하는 법칙이 없어요. 이와 달리 영어는 주어의 수에 따라 동사의 형태가 바뀌는 '주어 동사 수 일치'라는 법칙이 적용됩니다. 미국 아이들의 경우 3세에서 4세 사이쯤 be 동사 'is/are' 등의 사용이 나타나는데요. 한국어가 모국어인 아이들에게 한국어 문법 체계와 다른 이 부분은 더욱 어렵게 느껴질 수 있습니다. 명사의 소유격으로 음절(예: 의, 것)이 아닌 자음(/s/)이 단어 끝에 붙는 것 또한 마찬가지로 한국어와 다릅니다. 따라서 이러한 문장의 패턴을 흥미로운 맥락 속에서 반복적으로 사용할 수 있는 놀이를 자주 해주세요. 어휘 습득의 효과를 높일 수 있습니다.

04

Mommy is cooking.

엄마가 요리하고 있어.

| 적정 연령 | 30~60개월 |
| 준 비 물 | 여러 장의 가족사진 |

현재진행형 놀이

사진 한 장만 있어도 아이와 풍성한 대화를 나눌 수 있습니다. 스마트폰에 저장된 사진이나 앨범에 정리해둔 사진을 아이와 함께 보면서 추억을 떠올려보세요. 평범한 일상을 포착한 장면도 좋지만 특별한 활동이나 동작을 하고 있는 사진일수록 이야기 소재가 다양해져요.

놀이 포인트

아이와 함께 사진을 보며 사진 속 인물의 행동에 대해 이야기해보세요. 아직 문장 사용에 있어 초기 단계에 있는 아이라면 현재진행형(-ing)을 포함한 문장 형태를 모델링하며 많이 들려주세요.

MP3 듣기

Adult	Let's look at some pictures!

Adult

Let's look at some pictures! 사진을 한번 보자!

Look! There's Mommy. 이것 봐! 엄마 여깄네.

Mommy is cooking. 엄마가 요리하고 있어.

손짓 단서 사진 속 행동을 손가락으로 가리키거나 손짓으로 보여주세요.

Look! I see Grandpa, too! 여기 봐! 할아버지도 보인다!

He is playing with the baby. 할아버지가 아기랑 놀아주고 계시네.

모델링 핵심 문장 표현을 모델링해주세요.

BONUS

It looks like⋯. ~하는 것 같아./~하고 있나 봐.

It looks like she is cooking. 그녀는 요리하고 있나 봐.

놀이 포인트

아이가 현재진행형(-ing) 문장 형태에 익숙해졌다면, 이번에는 질문(who, what 등을 활용한 문장)을 통해 발화를 유도해보세요.

MP3 듣기

Adult	Who is this?	이거 누구야?
Child	Grandma!	할머니!
Adult	Yes, that's Grandma.	응. 할머니야.

모델링 아이의 말을 확장한 표현으로 모델링해주세요.

	What is she doing?	할머니가 뭐하고 계셔?
Child	Hugging the baby.	아기를 안아주고 있어요.
Adult	That's right. She is holding the baby.	맞아. 할머니가 아기를 안아주고 있어.

강조&모델링 'holding'을 강조하며 올바른 표현으로 자연스럽게 모델링 해주세요.

	Who is he?	이건 누구야?
Child	It's Daddy!	아빠!
Adult	Yes, it's Daddy. What is he doing?	응. 아빠야. 아빠가 뭐해?
Child	He is playing soccer.	아빠가 축구하고 있어요.

BONUS

Do you know who that is? 이거 누군지 아니?
Can you guess who this is? 이게 누군지 맞혀볼래?

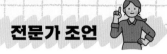

한국어를 모국어로 배우며 자라는 아이들이 발달적으로 가장 먼저 습득하는 시제는 과거형(-았/었)과 미래형(-ㄹ)입니다. 반면 영어를 모국어로 배우며 자라는 아이들이 발달적으로 가장 먼저 습득하는 시제는 현재진행형(-ing)이에요. 따라서 현재진행형은 미국에서 영유아 언어 치료를 하는 과정에서도 한 낱말 어휘가 늘어나고 낱말을 조합하는 단계에서 문장 표현 단계로 넘어가는 아이들에게 가장 먼저 자극해주는 문법형태소 중 하나이기도 합니다. 특히 문장 표현을 하기 시작하는 단계의 아이들은 일상에서 보이는 것을 그대로 묘사하는 표현을 통해 타인과 대화를 주고받는 비중이 커요. 따라서 '주어+동사+~ing(~가 ~를 하고 있어)'와 같은 문장의 표현은 아이의 표현을 확장시켜주는 데 유용합니다. 다양한 동작에 관한 대화를 나누며 활용해보세요!

05 Put it in his bag.

아이 가방 안에 넣어주자.

| 적정 연령 | 30~60개월 |
| 준 비 물 | 종이가방, 각종 생활용품 |

인칭대명사 놀이

종이가방에 친구 또는 가족의 얼굴을 그리거나 프린트한 사진을 붙여보세요. 여러 종류의 인칭대명사를 사용해 놀이할 수 있습니다. 학교 가기, 병원 가기, 여행 가기 등 상황을 바꾸어 놀이하면 더욱 다양한 표현이 가능하고, 무엇보다 오랫동안 아이의 흥미를 지속시킬 수 있어요.

🚗 **놀이 포인트**

첫 단계에서는 한 명을 가리키는 대명사를 반복적으로 들려주세요. 그런 다음 학교(school), 가족 여행(family trip), 병원(hospital), 친구 집에 놀러 가기 (friend's house) 또는 자고 오기(sleepover) 등 다양한 상황을 설정한 후 종이 가방의 주인에게 필요한 물건을 아이와 함께 모아보세요.

MP3 듣기

Adult	**Look! This is his bag.**	이것 봐! 이건 이 남자아이의 가방 이야.
	강조&손짓 단서 대명사 'his'를 강조하며 손으로 가리켜주세요.	
	He is going to school today.	아이는 오늘 학교에 간대.
	강조&손짓 단서 대명사 'He'를 강조하며 손으로 가리켜주세요.	
	Can you help me pack his bag?	아이 가방 싸는 걸 도울 수 있겠니?
Child	**Yes!**	네!
Adult	**Okay, what does he need?**	그래, 아이에게 무엇이 필요할까?
	He needs a···.	아이는···.
	멈추고 기다림 아이가 직접 말하도록 기다려주세요.	
Child	**Pencil!**	연필이요!
Adult	**Yes, he needs a pencil.**	그래, 연필이 필요하지.
	모델링 대명사 'he'가 들어간 문장 표현을 모델링해주세요.	
	Put it in his bag.	아이 가방 안에 넣어주자.
	What else does he need?	또 뭐가 필요할까?
Child	**He needs a book!**	책이 필요해요!
Adult	**Yes, he needs a book.**	그래, 책이 필요하지.
	Put it in his bag.	아이 가방 안에 넣어주자.
	반복 반복되는 행동과 표현을 반복해 들려주세요.	

BONUS

He would need···. ~가 필요하겠다.
Yes, he would need a water bottle. 맞아, 물통도 필요하겠네.

놀이 포인트

이번에는 여러 개의 종이가방을 놓고 분별하는 연습을 해볼까요? 하나는 남자아이, 또 하나는 여자아이 그리고 나머지 하나는 여러 사람의 그림을 그린 다음 'he, she, they' 등 3인칭 대명사를 사용해 말해보세요. 아이와 각자 하나씩 가방을 맡아서 'I, you, we' 등 1인칭 대명사를 사용해도 좋습니다.

MP3 듣기

Adult	Here is the girl's bag, here is the boy's bag! They are going on a family trip! Let's help them pack their bags.	이건 여자아이 가방, 이건 남자아이 가방이야! 다들 가족 여행을 떠난대! 모두 가방 싸는 걸 도와주자.
Child	Okay!	좋아요!
Adult	What does she need?	여자아이는 무엇이 필요할까?
	강조&손짓 단서 대명사 'she'를 강조하며 손으로 가리켜주세요.	
Child	She needs a toothbrush.	여자아이는 칫솔이 필요해요.
Adult	Yes, she needs her toothbrush. Put it in her bag. What does he need?	그래, 칫솔이 필요하구나. 가방 안에 넣어주자. 남자아이는 무엇이 필요하니?
	강조&손짓 단서 대명사 'he'를 강조하며 손으로 가리켜주세요.	
Child	He needs a hat.	모자가 필요해요.
Adult	Yes, he needs his hat. Put it in his bag.	그래, 모자가 필요하구나. 가방 안에 넣어주자.

* 249쪽을 참고해 소유격(his, her, their), 목적격(him, her, them) 대명사도 자극해보세요.

BONUS

Their bags are all packed! 가방 다 쌌다.
We filled their backpacks! 가방 다 채웠네.

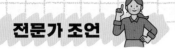

영어는 한국어에 비해 인칭대명사의 종류가 다양하고 사용 빈도수가 높은 편입니다. 아이들의 인지가 더욱 발달하고 표현할 수 있는 문장의 길이가 늘어남에 따라 언어발달 초기에 습득하는 1, 2인칭 대명사(I, mine, you, your, etc.)에서 점차 3인칭 대명사(he, she, they)의 사용이 늘어나게 됩니다(약 30~35개월). 특히 성별 대명사(he, she)로 나뉘는 것, 그리고 문장 내의 역할에 따라 주격, 소유격, 목적격으로 바뀌는 규칙(he-his-him)은 한국어에는 존재하지 않아요. 한국어가 모국어인 아이들이 인칭대명사를 어떻게 사용해야 하는지 혼동하는 이유이지요. 따라서 이와같이 집중적인 자극을 주는 것이 인칭대명사를 습득하는 데 효과를 높여줄 수 있습니다.

It was on the window sill!

창틀 위에 있었네!

| 적정 연령 | 30~60개월 |
| 준 비 물 | 꼭지퍼즐 |

위치를 나타내는 전치사 놀이

꼭지퍼즐은 아이가 퍼즐 조각을 명명하기도 쉽고, 완성했을 때의 뿌듯함이 커서 영유아 언어치료 수업에 자주 활용되는 교구입니다. 여기에서는 보물찾기 놀이와 접목해 다양한 위치 관련 어휘 및 전치사를 배워볼게요. 만약 꼭지퍼즐이 없다면 종이에 똑같은 그림을 두 개 그린 후 오려서 퍼즐을 만들어보세요.

 **놀이 포인트**

아이에게 꼭지퍼즐 조각을 건네주며 집안 곳곳에 숨기도록 합니다. 그리고 하나씩 찾으며 퍼즐 조각의 이름과 찾은 장소를 문장으로 표현하며 모델링을 제시해줍니다. 숨은 퍼즐 조각을 모두 찾아 꼭지퍼즐을 완성해보세요!

MP3 듣기

Adult	Hide all the puzzle pieces!	퍼즐 조각들을 모두 숨겨보렴!
Child	Okay!	좋아요!
	(퍼즐 조각을 모두 숨기고) **All done!**	다 했어요!
Adult	Hm… Where are the pieces?	흠… 퍼즐 조각들이 어디 있지?
	Is one behind the curtain?	커튼 뒤에 있니?
	손짓 단서 위치를 가리키며 질문해주세요.	
Child	No.	아니요.
Adult	Nope, not there.	아니, 거기 없구나.
	Is one on the window sill?	그럼 창틀 위에 있을까?
Child	Yes!	맞아요!
Adult	Yes! I found one!	와! 찾았다!
	It was on the window sill!	창틀 위에 있었네!
	강조 전치사 'on'을 강조해주세요.	
	I found an elephant.	코끼리를 찾았어.
	손짓 단서&모델링 퍼즐 조각을 아이에게 보여주며 단어를 모델링해주세요.	
	Okay, let me match the puzzle and find some more!	자, 이제 퍼즐을 맞추고 더 찾아볼게!

BONUS

Where could it be? 어디 있을까?
I can't find it! 못 찾겠네!
I don't see it anywhere. 아무 데도 안 보여.

놀이 포인트

이번에는 아이가 보물을 찾을 차례입니다. 아이가 꼭지퍼즐 조각을 하나하나 찾을 때마다 간단한 질문으로 아이의 발화를 유도합니다. 아직 아이가 한 단어 또는 짧은 구로 표현한다면, 아이의 미완성 문장을 완성된 문장으로 다시 모델링해주세요. 아이의 말문이 빠르게 터질 거예요.

MP3 듣기

Adult	Now, it's your turn to find the puzzle pieces.	이제 네가 퍼즐을 찾을 차례야.
Child	Okay! I found one!	좋아요! 하나 찾았어요!
Adult	Wow, that was fast! What did you find?	우와, 빠른데! 뭐 찾았어?
Child	I found a giraffe.	기린을 찾았어요.
Adult	You found a giraffe! Where was it?	기린을 찾았구나! 어디 있었니?
	반복 아이의 표현을 반복해 다시 들려주세요.	
Child	Here!	여기요!
Adult	It was in front of the TV.	티비 앞에 있었구나.
	모델링 위치 어휘를 포함한 문장을 들려주세요.	
	Okay, now match the puzzle.	자, 이제 퍼즐을 맞춰보렴.
	Go find more!	가서 더 찾아봐!
Child	I found another one!	하나 또 찾았어요!
Adult	You found another one! What did you find?	또 하나 찾았네! 뭐 찾았어?
Child	I found a lion.	사자를 찾았어요.
Adult	You found a lion. Where was it?	사자를 찾았구나. 어디 있었니?
Child	Under the couch.	소파 밑에요.
Adult	Oh, it was under the couch.	아, 소파 밑에 있었구나.
	손짓 단서 위치를 손으로 가리키며 표현해주세요.	
	Good job finding it under the couch!	소파 밑에서 잘 찾았네!
	반복 전치사구를 사용한 다양한 문장을 반복해 들려주세요.	

'in, on, under, in front of' 등과 같이 위치를 나타내는 전치사는 아이들이 가장 먼저 습득하는 문법 요소 중 하나예요. 특히 문장을 활발히 사용하기 시작하는 학령전기 시기에 많이 집중되는 영역입니다. 점차적으로 문장의 길이가 확장되는 이 시기에 선치사를 포함한 위치에 대한 정보를 문장에 더하는 능력을 길러주며 표현력을 향상시켜 줍니다. 처음에는 다양한 맥락을 통해 모델링을 쌓아주고 점차 'what, where'과 같은 질문을 통해 아이의 표현을 유도해보세요.

아이들이 간단한 질문을 이해하고 대답을 하려면 먼저 다양한 어휘를 인식하고 이해하며 표현할 수 있어야 합니다. 그렇기 때문에 발화 전 또는 발화 초기 단계에선 되도록 질문보다 코멘트로 인풋을 해주는 것이 좋아요. 또 아이가 사용하기 시작한 표현들을 기준으로 아이가 대답할 수 있는 것부터 시작해 간단한 질문을 통해 더욱 적극적인 표현을 이끌며 점점 확장시켜보세요. 물론 어느 단계든 아이를 취재하듯 일방적인 질문을 너무 많이 던지는 것은 자연스러운 대화에서 벗어나 불편하고 부담스러운 경험으로 남을 수 있습니다. 긍정적인 코멘트와 추임새를 꾸준히 더해주며 자연스럽게 조절해야 한다는 점을 잊지 마세요!

Step only on the circles.

동그라미 모양만 밟을 수 있어.

| 적정 연령 | 42~60개월
| 준 비 물 | 여러 가지 색깔과 모양으로 오린 도화지

모양과 색깔 따먹기 놀이

어렸을 때 땅따먹기 놀이를 해보셨나요? 미국 문화에도 비슷한 놀이가 있습니다. 바로 'Hopscotch'라는 놀이예요. 땅에 그림을 그린 다음 넘어지거나 선을 넘지 않고 왔다갔다하는 놀이인데요. 여기서는 땅따 먹기 놀이를 살짝 변형해 다양한 모양과 색깔 어휘를 배워볼게요.

놀이 포인트

다양한 색의 도화지를 여러 가지 모양으로 오린 후 바닥에 길게 깔아줍니다. 부모님이 지정한 모양이나 색깔만 아이가 밟으며 출발지에서 도착지까지 건너갈 수 있도록 규칙을 설명해주세요.

MP3 듣기

Adult		
	We are going to play hopscotch!	땅따먹기 놀이를 할 거야!
	But step only on the circles.	그런데 동그라미 모양만 밟을 수 있어. 준비, 시작!
	Ready, set, go!	
	Hop, hop!	깡충깡충!
	Where is the circle?	동그라미 어딨지?
	Find another circle!	또 다른 동그라미를 찾아봐!
	I see a circle right there!	저기 동그라미가 보인다!

반복 모양 어휘를 반복해 들려주세요.

Yay, you made it!   와, 해냈네!

부정문을 사용해 놀이해보세요.

Adult		
	This time, you can only step on the color red.	이번엔 빨간색만 밟을 수 있어.
	You can't step on yellow!	노란색은 밟으면 안 돼!
	You can't step on blue!	파란색도 밟으면 안 돼!

(BONUS)

You can step on any shape, but only the color red.
아무 모양이나 다 밟아도 되는데 색깔은 빨간색만 밟아야 해.

130

놀이 포인트

첫 번째 단계에서 충분히 놀이했나요? 아이가 다양한 모양과 색깔 개념을 익혔
다면, 이번에는 조금 더 긴 문장을 들려주세요. 오직 상대방의 지시에 따라 움직
이며 도착지까지 가보도록 합시다.

LEVEL 2

MP3 듣기

Adult		
	Listen carefully to my instructions.	설명을 잘 듣고 한번 가보렴.
	Ready?	준비됐니?
	Step on a blue circle!	파란색 동그라미를 밟아요!
	Hop to a red triangle!	빨간색 세모로 뛰어요!
	Jump to a yellow star.	노란색 별 모양으로 점프해요.
	Walk to a green heart.	초록색 하트 모양으로 걸어가요.

두 가지 미션을 줄 수도 있어요.

Adult		
	Step on a blue circle and clap your hands.	파란색 동그라미를 밟고 손뼉을 쳐요.
	Hop to a red triangle and dance.	빨간색 세모로 가서 춤을 춰요.
	Jump to a yellow star and wiggle your arms.	노란색 별로 점프해서 팔을 흔들어요.
	Walk to a green heart and spin around.	초록색 하트 모양으로 걸어가서 빙그르 돌아요.

* 250쪽에서 그 외 다양한 미션을 확인해보세요.

BONUS

It's going to be a tricky one! 이건 어려울걸!

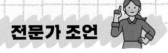

모양과 색깔, 숫자 등의 개념은 자연스럽게 발달하는 요소라기보다 언어와 인지가 발달함에 따라 외부 자극을 통해 배워나가는 학습 개념이에요. 이러한 기초적 학습 개념은 더욱 정교한 언어의 이해와 표현을 도울 뿐 아니라 추후 다양한 학습 과제를 해내고 학습 지도를 따르는 데 필요한 부분입니다. 놀이를 통해 모양과 색깔, 숫자 등의 개념을 익히면 어휘와 문장 표현이 한창 늘어나는 이 시기에 다양한 개념을 더 쉽게 이해할 수 있으며 어휘와 표현력을 더욱 확장시킬 수 있습니다. 큰 관심이 없다면 지루하고 어려울 수 있는 개념을 아이들이 즐거운 놀이를 통해 자연스럽게 배워나갈 수 있도록 옆에서 도와주세요.

There's no teddy bear here.
여기에 곰돌이가 없어.

| 적정 연령 | 30~60개월
| 준 비 물 | 장난감

부정어 놀이

숨바꼭질을 싫어하는 아이는 아마 없을 거예요. 평소에 자주 하던 숨바꼭질도 방법에 따라 영어 말문을 터트리는 최고의 학습이 됩니다. 여기에서는 부정어를 단계별로 이해하고 배울 수 있도록 구성했어요. 장난감을 숨기거나 직접 숨기도 하며 '없다', '아니다', '-마', '못' 등 다양한 부정어 개념을 배워보아요.

🚗 놀이 포인트

아이에게 직접적인 언어 자극을 주기 위해 먼저 아이가 좋아하는 장난감이나 인형을 숨기게 해주세요. 부모가 아이와 함께 장난감을 찾아다니며 혼잣말하듯 부정어를 포함한 문장을 아이에게 반복적으로 들려줍니다. 부정어 중에서 가장 기본이 되는 'no'를 먼저 사용해봅시다.

MP3 듣기

Adult	Go hide your teddy bear!	가서 곰돌이 인형을 숨기렴!
	I will count to ten. Ready?	엄마가 열까지 셀게. 준비됐니?
	One, two, three, four….	하나, 둘, 셋, 넷….
	Did you hide your teddy bear?	곰돌이 숨겼니?
Child	Yes!	네!
Adult	Okay, I will go find your teddy bear!	그럼 곰돌이 찾으러 가볼게!
	Hm, where is the teddy bear?	흠, 곰돌이가 어디 있을까?
	Is he in here?	여기 있나?
	No, no teddy bear.	아니, 여기 없네.

손짓 단서 고개를 저으며 부정어 'no'를 표현해주세요.

	I know, it's in here!	알았다, 여기 있구나!
	No… there's no teddy bear here.	아니네… 여기도 곰돌이가 없어.
	I can't find the teddy bear!	곰돌이를 찾을 수가 없어!
	Can you help me find it?	곰돌이 찾는 것 좀 도와줄 수 있니?

부정어 'not'을 사용한 문장도 표현해보세요.

Adult	Is it in the closet?	옷장 안에 있나?
	No, not in the closet.	아니, 옷장 안에 없네.
	Is it behind the door?	문 뒤에 있나?
	No, it's not behind the door.	아니, 문 뒤에도 없어.
	Is it on top of the shelf?	책장 위에 있나?
	Yes! It's right here! I found it.	맞네! 여기다! 찾았어.

놀이 포인트

부정어 'no와 not'의 다음 단계로 아이들은 'don't, can't, won't'를 습득합니다(약 28~35개월경). 이번에는 아이와 직접 숨기 놀이를 하며 종이에 'Out of order(고장)' 문구를 적어 숨을 때마다 들어갈 수 없는 방이나 장소를 지정해 다양한 부정어를 사용해보세요.

MP3 듣기

Adult	You go hide, and I will count.	너는 가서 숨어, 엄마가 숫자를 셀게.
	Oops! The kitchen is out of order!	앗! 부엌이 고장났대! 그래서 부엌
	So you can't hide in the kitchen, okay?	에는 숨으면 안 돼. 알았지?
Child	Okay.	네.
Adult	Okay! Remember, don't hide in the kitchen!	좋아! 기억해, 부엌엔 숨으면 안 돼!
	Ready? One, two, three, four….	준비됐니? 하나, 둘, 셋, 넷….
	Ready or not, here I come!	준비 된든 안 되든 엄마가 간다!
	Where could she be?	어디 있을까?
	She's not in the kitchen.	부엌에는 없고.
	I don't see her in the kitchen.	부엌에는 안 보이네.
	Boo! I found you!	워! 찾았다!
Child	You found me!	찾았네요!
	Now, my turn to count.	이제 제가 숫자를 셀 차례예요.
Adult	And my turn to hide!	그리고 엄마가 숨을 차례!
	Which room is out of order?	이번엔 어떤 방이 고장났어?
Child	Hm, the bathroom!	음, 화장실이요!
	Now you can't hide in the bathroom.	이제 화장실에는 숨을 수 없어요.
Adult	Okay, I won't hide in the bathroom.	알았어, 화장실에는 숨지 않을게.

BONUS

Don't look! No peeking! 보면 안 돼! 슬쩍 보기 없음!

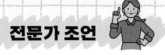
전문가 조언

언어 촉진에 효율적인 또 다른 중재 기법으로 '셀프 토크self-talk'라는 것이 있습니다. 말 그대로 혼잣말을 하는 겁니다. 아이와 함께 공동으로 관심을 갖고 있는 주제에 관해 다양한 표현을 간접적으로 들려주며 언어 자극을 주는 방법이죠.

한국어에서 부정어를 습득하는 과정은 이렇습니다. 처음에는 짧아도 표현이 가능한 '없어', '아니', '아니야' 등의 표현이 먼저 발화됩니다. 그 후에 표현의 길이가 늘어나면서 점차 문장 속 다른 단어를 수식하거나 변형시키는 '못', '-마', '-면 안 돼' 등의 표현들이 습득되죠. 영어의 경우도 이와 비슷한 과정이 이루어집니다(no, not → don't, can't, won't 등).

부정어 습득 과정을 기억하며 재미있는 놀이 속 셀프 토크를 통해 다양한 부정어에 아이를 노출시켜보세요!

Show me your feelings!
너의 감정을 보여줘!

| 적정 연령 | 30~60개월 |
| 준 비 물 | 스마트폰 |

감정 어휘 놀이

감정 어휘는 어린아이들이 자신의 감정을 이해하고 표현하며 조절할 수 있도록 도와줍니다. 타인의 감정도 더욱 깊이 이해할 수 있고, 이야기 속 다양한 인물의 감정을 유추하며 문맥을 이해하는 데에도 도움을 줍니다. 아이들이 좋아하는 휴대폰을 활용해 정서적 상호작용과 대화의 불씨를 피워보세요.

🚗 **놀이 포인트**

아이에게 여러 가지 표정을 지어보도록 요청한 후 재밌게 사진을 찍어줍니다. 아이와 함께 사진 속 다양한 표정을 보며 감정 어휘로 표현해보세요. 처음부터 너무 많은 단어를 사용하기보다 쉬운 몇 가지부터 시작해 조금씩 단어를 더해가는 것이 좋습니다. 아이가 잘 모르는 단어는 먼저 표정을 모델링해 보여주세요.

MP3 듣기

| **Adult** | I'm gonna take a picture. Smile! | 사진 찍는다, 김치~! |
| | Can you make a/an…? | ~한 표정 지을 수 있어? |

happy face / tired face	기쁜 표정 / 피곤한 표정
scared face / sad face	무서운 표정 / 슬픈 표정
mad/angry face / silly face	화난 표정 / 웃긴 표정
bored face / surprised face	심심한 표정 / 놀란 표정
excited face / calm face	신난 표정 / 침착한 표정
worried face / hungry face	걱정스러운 표정 / 배고픈 표정
disgusted face / pretty face	징그러운 표정 / 예쁜 표정
cute face / shy face	귀여운 표정 / 부끄러운 표정
proud face / disappointed face	뿌듯한 표정 / 실망한 표정
brave face / lonely face	용감한 표정 / 외로운 표정

BONUS

You look very/so…. 정말 ~해 보인다.
You look very excited! / You look so excited! 정말 신나 보인다!
Like when you…. ~했을 때처럼 말야.
Like when you see something scary! 무서운 것을 봤을 때처럼 말야.

놀이 포인트

이번에는 아이가 찍은 사진을 함께 보며 대화를 나눠볼까요? 아이의 경험을 바탕으로 한 이야기는 깊은 감정을 공유할 수 있어 단문에서 복문(…when…, …because…)까지도 확장할 수 있습니다. 질문으로 먼저 답을 유도하기보다 사진 속 감정에 대한 부모님의 이야기를 먼저 들려주며 모델링한 후 간단한 질문부터 시작해 아래와 같은 다양한 질문으로 점차 넓혀가길 바랍니다.

MP3 듣기

Adult

When do you feel _____?
I feel _____ when_____.
I feel excited when I go to the playground.
Do/Did you feel _____ when you _____?

어떨 때 기분이 ~하니?

~할 때 기분이 ~해요.

놀이터에 갈 때 신이 나요.

~할 때 기분이 ~해/했어?

BONUS

How do/did you feel when…?
~할 때/했을 때 기분이 어떻니?
How did you feel when you went to the playground yesterday?
어제 놀이터에 갔을 때 기분이 어땠어?

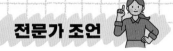

전문가 조언

아이들은 자신이 직접 경험한 것을 토대로 감정 어휘를 깊이 이해하고 습득할 수 있습니다. 아이의 일상 속에서 크고 작은 감정의 순간을 포착해 알맞은 감정 어휘를 사용하면서 아이의 마음에 충분히 공감해주세요. 단, 연구에 따르면 바이링구얼Bilingual(두 언어를 자유자재로 구사하는 사람) 아이의 경우 모국어가 아닌 제2언어로 감정을 표현할 때 뇌에서 감정을 조절해주는 역할을 모국어만큼 잘 하지 못한다고 합니다.[1] 즉 아이의 감정에 공감해야 하는 상황일 때는 아이에게 가장 편한 모국어를 사용하되 흥미로운 놀이나 책읽기 등의 상황에서 경험했던 맥락을 다시 활용해 제2언어의 어휘를 더해주세요.

---

1 Vives, M. L., Costumero, V., Ávila, C., & Costa, A. (2021). Foreign Language Processing Undermines Affect Labeling. Affective science, 2(2), 199–206.

10

Cook some food!

음식을 요리해요!

| 적정 연령 | 24~48개월 |
| 준 비 물 | 주방놀이 장난감 |

동사의 범위를 넓혀주는 놀이

주방에서 사용할 수 있는 어휘는 매우 다양합니다. 여러 종류의 음식과 주방용품에 관한 명사는 물론 요리에 관한 동사 어휘를 문장으로 배울 수 있죠. 일상에서 쉽게 보이는 물건들과 자주 접하는 활동이므로 실생활에 적용하기 쉬운 표현들을 가상놀이 속에서 즐길 수 있답니다.

LEVEL 1

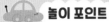 **놀이 포인트**

아이와 함께 부엌에서 일상적으로 할 수 있는 여러 가지 행동을 수행하며 다양한 어휘와 표현을 들려줍니다. 직접 행동으로 보여주거나 아이의 행동을 간단한 지시형 문장으로 묘사하면서 동사의 부정사를 자연스럽게 들려주세요.

MP3 듣기

Adult		
	Cook some food!	음식을 요리해요!
	Make a sandwich.	샌드위치를 만들어요.
	Bake a cake.	케이크를 구워요.
	Slice the carrots.	당근을 썰어요.
	Cut the pizza.	피자를 잘라요.
	Wash the lettuce.	상추를 씻어요.
	Put the pan in the oven.	팬을 오븐에 넣어요.
	Put the milk in the fridge/refrigerator.	우유를 냉장고 안에 넣어요.
	Put the ice cream in the freezer.	아이스크림을 냉동고에 넣어요.
	Put the pot on the stove.	냄비를 가스렌지 위에 얹어요.
	Take the bread out of the toaster.	빵을 토스트기에서 꺼내요.

*251쪽에서 더 다양한 표현을 만날 수 있어요.

BONUS

Can you···. ~해줄 수 있니?
Can you bake a cake? 케이크를 구워줄 수 있니?
Why don't you···. ~하는 건 어떨까?
Why don't you slice the carrots? 당근을 써는 건 어떨까?

142

놀이 포인트

다양한 동사 어휘에 익숙해졌다면 미래형, 현재진행형, 과거형 등 시제를 더해 표현해보세요. 행동하기 전에 계획을 표현하거나, 하고 있는 행동을 묘사하거나, 또는 방금 했던 행동을 상대방에게 알리는 등 다양한 문장으로 상호작용을 이어가보세요!

MP3 듣기

미래형

Adult I'm going to/gonna wash the lettuce. 난 상추를 씻을 거야.
I will wash the lettuce. 내가 상추를 씻을게.
I have to/gotta wash the lettuce. 상추를 씻어야 해.
Are you going to/gonna wash the lettuce? 상추를 씻으려고 하니?

현재진행형

Adult I'm putting the pan in the oven. 내가 팬을 오븐에 넣고 있어.
You're putting the pan in the oven. 네가 팬을 오븐에 넣고 있구나.
Are you putting the pan in the oven? 오븐에 팬을 넣는 거니?

과거형

Adult I closed the lid. 내가 뚜껑을 닫았어.
I washed the dishes. 설거지 다 했어.

BONUS

The food is ready! 음식 다 됐어!
The food tastes yummy/delicious! 음식 참 맛있다!

143

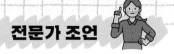

아이들이 표현하는 문장의 길이가 길어지면서 단순히 단어와 단어를 조합하는 것을 지나 문법 형태소를 더해가기 시작합니다. 현재 진행되고 있는 일과 지나간 일, 그리고 아직 일어나지 않은 일 등에 대한 의미를 구분해 이해하기 시작하며 인지한 것을 언어로도 표현하게 되죠. 사실 시제 구분은 실생활에서 직접 체험하는 반복적인 경험들을 통해 얻어집니다. 그러므로 주방놀이와 같은 일상생활의 패턴과 밀접한 관계를 이루는 놀이 상황을 통해 다양한 문법의 형태를 자연스럽게 들려주는 게 좋습니다. 아이가 어떠한 행동을 하기 직전에 "Cut the pizza."와 같이 미래형으로 들려주고, 아이가 행동을 하는 순간 "You're cutting the pizza!"라고 진행형으로 다시 들려주며, 또 행동을 마친 후에는 "You cut the pizza."와 같이 과거형으로 들려주는 식입니다. 이처럼 기회가 닿는 순간마다 수시로 아이의 행동을 묘사해주는 전략을 활용해 보세요.

11

What would you like?

어떤 걸 드릴까요?

| 적정 연령 | 30~48개월 |
| 준 비 물 | 쇼핑 물품(음식, 장난감, 옷 등), 카트(상자 등) |

단수와 복수 형태를 익히는 놀이

부모님과 한 번이라도 장을 보러 가 본 경험이 있는 아이라면 그것을 가상놀이 안에서 재연하는 것이 즐거운 활동이 될 수 있습니다. 아이가 자신만의 쇼핑 카트를 직접 끌고 다니며 여러 가지 물건을 담을 수 있게 해주세요. 단수 명사와 복수 명사의 형태 차이를 재밌게 배울 수 있답니다.

놀이 포인트

여러 가지 쇼핑 아이템을 나열해놓고 아이가 카트를 밀고 다니며 원하는 것을 담도록 합니다. 이때 같은 것이 여러 개 있는 물건(장난감)을 활용하면 더욱 좋아요. 하나 또는 여러 개의 물품을 선택할 수 있도록 부모님이 선택적 질문을 하면 자연스럽게 아이가 단수 명사와 복수 명사의 형태를 대조적으로 들을 수 있습니다.

MP3 듣기

| Adult | Let's go shopping! | 쇼핑하러 가자! |
| | Do you want some apples? | 사과 좀 줄까? |

강조&손짓 단서 'apple' 끝에 복수형 /s/ 소리를 강조하며 물건을 들어요.

Child	Yes!	네!
Adult	How many apples do you want?	사과 몇 개 줄까?
	One apple or two apples?	한 개 아니면 두 개?

모델링 명사의 단수 형태와 복수 형태를 각각 들려주세요.

| Child | Two. | 두 개요. |
| Adult | Two apples? Okay⋯ here are two apples. | 사과 두 개? 알았어. 여기 사과 두 개. |

반복 복수 명사를 반복해 들려주세요.

	Do you want some blocks?	블록도 좀 줄까?
Child	Yes, please.	네, 주세요.
Adult	How many blocks do you want?	블록은 몇 개 줄까?
	One block or three blocks?	한 개 아니면 세 개?

강조 복수 명사를 강조해 들려주세요.

| Child | One block, please. | 블록 한 개 주세요. |
| Adult | Okay, here is one block. There you go! | 블록 한 개 여기 있단다. 자, 여기! |

BONUS

Would you like some⋯? ~ 좀 드릴까요?
Would you like some apples? 사과 좀 드릴까요?
How many ~ would you like? ~ 몇 개 드릴까요?
How many blocks would you like? 블록 몇 개 드릴까요?

놀이 포인트

이번에는 'how many~' 질문에 더불어 'what과 who'를 사용한 질문을 통해 조금 더 능동적인 표현을 유도해봅시다. 집에 있는 여러 개의 인형을 활용하거나 가족이나 친구들을 놀이에 초대해보세요. 구매한 물품을 나눠주며 단수 명사와 복수 명사를 다양하게 표현할 수 있답니다.

MP3 듣기

Adult	Hello! Welcome to the grocery store! What would you like?	안녕하세요! 마트에 어서 오세요! 어떤 걸 드릴까요?
Child	I want some books, please.	책을 좀 주세요.
Adult	How many books would you like?	책을 몇 권 드릴까요?
Child	I want two books.	책 두 권 주세요.
Adult	Okay. Here are two books. Who are they for?	네, 책 두 권 여있습니다. 누굴 위한 건가요?
Child	They are for Doggie.	강아지를 위한 거예요.
Adult	Yay, Doggie has two books!	와, 강아지가 책이 두 권 있네요!
	모델링 복수 명사 문장을 모델링해주세요.	
Child	Yes, Doggie has two books.	네, 강아지가 책이 두 권이 있어요.
Adult	What else would you like?	또 무엇을 드릴까요?

BONUS

Can/May I have…? ~ 좀 얻을 수 있을까요?

한국어는 명사가 여러 개 있어도 복수(-들)를 의무적으로 붙이지 않지만, 영어는 두 개 이상의 명사를 표현할 때 대부분의 경우 복수형 (-s/-es)을 의무적으로 표지하도록 되어 있습니다(불가산명사 제외). 특히 명사는 어린아이들이 가장 많이 사용하고 가장 먼저 습득하게 되는 품사이기 때문에 명사에 표지되는 복수형(-s/-es)은 아이들이 가장 먼저 습득하는 문법 요소 중 하나이기도 하지요. 반면 한국어 언어 체계에는 자음/s/와 같은 마찰음이 단어의 끝소리(종성)에 위치할 수 없는 특성(한국어에선 /ㅅ/이 받침일 때 /ㄷ/으로 발음되는 특성)이 있어 더욱 습득이 어려울 수 있습니다. 따라서 이와 같은 집중적인 자극이 명사 형태를 습득하는 데 효율을 높여줄 수 있습니다. 특히 "Do you want one apple or two apples?"와 같은 선택 질문은 단수형과 복수형을 대조적으로 들려줄 수 있기 때문에 두 형태의 차이를 명시적으로 가르쳐주기에 좋은 전략입니다.

12

Who am I?

내가 누구게?

| 적정 연령 | 36~60개월
| 준 비 물 | 종이, 펜, 여러 가지 종류의 스티커

문장 표현 놀이

스티커 빙고 놀이를 해봅시다. 먼저 종이에 4칸(2x2), 9칸(3x3), 16칸(4x4) 또는 25칸(5x5) 빙고판을 그립니다. 아이가 좋아하는 육지동물, 바다동물, 채소, 과일 등 스티커를 사용하거나 알파벳 스티커를 사용해 빙고판을 채우세요. 스티커가 없다면 그림을 직접 그리거나 알파벳을 써 넣어도 좋아요.

놀이 포인트

부모님과 아이 각자의 빙고판에 같은 종류의 스티커를 붙입니다. 아이와 번갈아 가며 놀이할 거예요. 자기 차례가 되면 지우고 싶은 스티커에 관한 질문을 던지면서 빙고를 만들어보세요.

MP3 듣기

Adult	Let's play Bingo!	빙고 게임 하자!
	We will use ocean animal stickers.	바다 동물 스티커를 사용해보자.
	They all live in the ocean.	모두 바다에 사는 동물이야.
	I'll go first. Do you have a whale?	내가 먼저 할게. 고래 있니?
Child	Yes!	네!
Adult	You have a whale!	고래가 있구나!

반복&모델링 문장 표현을 반복해서 모델링해주세요.

	Cross it out.	지워도 되겠다.
	It's your turn.	네 차례야.
Child	Do you have a shark?	상어 있어요?
Adult	Yes, I have a shark!	응, 상어 있어!
	I will cross it out.	상어 지울게.
Child	Your turn!	엄마 차례예요!
Adult	Do you have an octopus?	문어 있니?
Child	No, I don't have an octopus.	아니요. 문어는 없어요.

BONUS

I got a Bingo! 빙고예요!

I got a straight line. 직선을 만들었어요.

LEVEL 2

놀이 포인트

이번 단계에서는 단어를 그대로 말하는 것이 아니라 단어에 연관된 단서를 제공하면서 서로 어떤 물건인지 맞히는 놀이를 해보세요. 이때 아이 스스로 다양한 문장을 만들도록 이끌어주세요.

MP3 듣기

Adult	This time, we'll play the "Who Am I?" Bingo. I'll go first! I am round, and I like to bounce. Who am I?
Child	A ball?
Adult	Yes! You can cross out the ball. Your turn!
Child	You can read me. Who am I?
Adult	Is it a book?
Child	Yes!

이번엔 "내가 누구게?" 빙고 게임을 해보자. 내가 먼저 할게!
나는 동그랗고 팅기는 걸 좋아해.
내가 누구게?
공?
맞아! 공을 지워도 되겠다.
네 차례!
나를 읽을 수 있어요. 누구게요?
혹시 책이니?
네!

단서를 줄 때

I am… (colors, shapes, size, category, etc.).
I like to….
You can….
I live….

나는… (   )야.
나는 ~하는 걸 좋아해.
너는 ~할 수 있어.
나는 ~에 살아.

BONUS

Can you give me another clue? 힌트 하나만 더 줄 수 있어요?

151

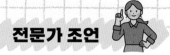
아이들은 2~3세쯤 사물의 기능에 대한 정보를 가지고 어떤 사물인지 말할 수 있어요(밖에 나갈 때 발에 신는 것은 무엇이지? – 신발). 3~4세경에는 사물의 기능을 설명할 수도 있습니다(숟가락으로 무엇을 할 수 있지? – 밥을 먹을 수 있어요). 이 시기는 단어를 단순히 명명하는 것에서 더 나아가 단어에 대한 더욱 상세하고 특징적인 정보를 이해하고 표현할 수 있지요. 어떠한 사물을 머릿속에 떠올리며 중요한 특징을 골라 표현할 수도 있어요. 이는 언어적으로 매우 복잡하고 정교한 과정이기도 합니다. 사물의 이름과 특성, 형태와 기능 등 아이가 쌓아온 다양한 어휘와 표현들을 스스로 조합하고 연결해 문장을 형성해야 하기 때문이죠. 만약 모국어(한국어)의 인지 및 언어가 뒷받침된다면 사고의 과정은 그리 어렵지 않을 겁니다. 다만 영어로 표현하는 데는 도움이 필요한 부분이 있을 수 있어요. 그럴 경우 아이와 함께 스티커, 그림의 다양한 단서, 모델링을 통해 어휘와 표현을 확장해나가길 바랍니다.

13 The green car was the fastest!

초록색 차가 가장 빨랐어요!

| 적정 연령 | 36~48개월 |
| 준 비 물 | 자동차 장난감, 장애물(의자, 책, 블록 등) |

비교급과 최상급 놀이

일반적으로 자동차나 중장비 장난감을 좋아하는 아이들은 상대방과 소통하며 상호작용하기보다 혼자서 반복적인 레퍼토리로 놀이하는 경우가 많아요. 이때 약간의 가이드만 제공해도 아이의 흥미와 동기가 높은 장난감을 통해 풍성한 언어 자극을 할 수 있답니다. 자동차 놀이를 하면서 자연스럽게 강화할 수 있는 언어 요소를 함께 살펴보아요!

놀이 포인트

아이와 자동차 시합을 하면서 먼저 속도(fast/slow) 개념을 사용해보세요. 어휘가 익숙해지면 비교급(-er)을 사용한 문장을 자연스럽게 주고받을 수 있습니다.

MP3 듣기

Adult	Let's have a race! Are you gonna go fast or slow?	자동차 경주 하자! 천천히 갈 거야 아니면 빨리 갈 거야?
	강조 'fast'와 'slow'를 생동감 있게 표현하며 의미를 강조해주세요.	
Child	Fast!	빨리요!
Adult	Okay, let's see who goes faster. Ready, set, go!	그래, 누가 더 빨리 가나 보자. 준비, 시작!
Child	I win!	내가 이겼어요!
Adult	Oh, your car was faster.	아, 네 자동차가 더 빨랐네.

BONUS

My car was so slow. 내 자동차는 엄청 느렸네.

LEVEL 2

 **놀이 포인트**

여러 대의 자동차를 더해 자동차 시합을 해봅시다. 가장 빠른 자동차, 가장 느린 자동차를 이야기하며 최상급(-est) 표현을 자극할 수 있습니다.

MP3 듣기

Adult	This time, we can each get two cars.	이번엔 자동차를 각자 두 대씩 가지고 해보자.
	손짓 단서 자동차를 가리키며 말해주세요.	
Child	Yeah!	좋아요!
Adult	Which ones do you want?	어떤 거 할래?
Child	I want blue and red.	파란색이랑 빨간색이요.
Adult	Okay, I will pick green and yellow.	그래, 그럼 나는 초록색과 노란색.
	Let's see which car will be the fastest!	어떤 차가 제일 빨리 가나 보자!
Child	Okay! Ready, set, go!	네! 준비, 시작!
	Green was the fastest!	초록색이 제일 빨랐어요!
Adult	Yes, the green car was the fastest!	응, 초록색 차가 가장 빨리 갔네!

BONUS

I think the red car will be the fastest! 내 생각엔 빨간색 차가 제일 빠를 것 같아!

비교급(-er)과 최상급(-est)은 형용사 또는 부사에 사용되는 형태입니다. 비교급^{Comparative}은 2가지 대상을 비교할 때 사용(~보다 더)하며 최상급 ^{Superlative}은 3가지 이상을 비교할 때 사용(~중에 가장)하지요. 한국어의 경우 '더' 또는 '가장'을 덧붙여 일관되게 비교급과 최상급을 표현할 수 있지만, 영어의 경우 단어에 따라 '-er/-est' 또는 'more/most'를 덧붙인 표현으로 나뉩니다. 가장 흔히 사용되는 -er/-est의 형태는 4~5세경에 습득하기 시작하지만 단어와 형태에 따라 예외적으로 more/most가 앞에 덧붙어 사용되는 경우도 있기 때문에 많은 아이들이 more/most와 -er/-est를 혼동해 사용하는 발달적 오류가 나타나기도 합니다(My car was more fast. 또는 My car was more faster.). 영어를 일상적으로 들으며 자라는 영어가 모국어인 아이들도 반복적으로 노출의 과정을 거치고서야 습득이 이루어지는 만큼 한국어가 모국어인 아이들 역시 충분한 습득의 시간과 반복적 노출이 필요하겠죠? 이 사실을 기억하며 천천히 자극을 쌓아주길 바랍니다.

14 The whale is all wet.

고래가 다 젖었어.

| 적정 연령 | 30~60개월 |
| 준 비 물 | 심해동물 피규어, 트레이, 분무기 |

묘사어 놀이

얼음에 꽁꽁 갇혀버린 바다동물을 구해주는 놀이입니다. 납작한 통이나 트레이에 바다동물을 넣고 물을 채운 후 냉동실에 넣어 얼려요. 얼음을 꺼내 따뜻한 물을 뿌리거나 숟가락으로 얼음을 깨면서 동물을 구해보세요. 기본적인 묘사어 개념을 배울 수 있답니다.

놀이 포인트

냉동실에서 바로 꺼낸 트레이와 얼음을 아이와 함께 만져보세요. 분무기에 따뜻한 물을 채우고 얼음에 뿌리면서 'cold(차가운), freezing(추운), warm(따뜻한)' 등 다양한 묘사어를 들려줍니다.

MP3 듣기

Adult	The ice is so cold.	얼음이 정말 차갑네.
	강조 'cold'를 강조해 들려주세요.	
	Brr, the animals are freezing!	부르르, 동물들이 너무 춥대!
	Let's fill up the bottle with warm water.	분무기에 따뜻한 물을 채우자.
	Spray warm water on the ice.	따뜻한 물을 얼음에 뿌려보자.
	Is it cold/warm?	차갑니/따뜻하니?
Child	It's cold.	차가워요.

BONUS

The animals are stuck in ice! 동물들이 얼음에 갇혔어!
Let's rescue the animals. 동물들을 구해주자.

놀이 포인트

이제 동물들을 하나씩 구해줄 차례예요! 구출한 바다동물의 이름을 외치며 어휘를 습득하고, 'wet(젖었다), dry(말랐다)' 등의 개념도 배워봅시다.

MP3 듣기

Adult	The whale is all wet. Let's dry him off with a towel. All dry!	고래가 다 젖었어. 수건으로 말려주자. 다 말랐네!

딱딱한 얼음을 깨며
hard / soft

딱딱한 / 부드러운

동물의 촉감을 느끼며

bumpy / rough   울퉁불퉁한 / 거친
prickly / spiky   꺼끌꺼끌한 / 삐죽삐죽한
smooth / slippery   매끄러운 / 미끌거리는
pointy / scaly   뾰족한 / 비늘 같은
squishy / rubbery   말랑말랑한 / 고무 같은
shiny / hairy   반짝거리는 / 털이 많은

Adult	The ice is so hard. The turtle feels bumpy. The starfish looks shiny. The shark's fin is pointy.	얼음이 너무 딱딱해. 거북이가 울퉁불퉁하네. 불가사리가 반짝거리네. 상어 지느러미가 뾰족해.

BONUS

You saved the whale! 네가 고래를 구했네!

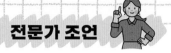
묘사어Descriptive concepts는 어떠한 대상을 묘사하는 표현으로 주로 형용사를 말합니다. 아이의 표현력이 향상되면서 명사와 동사뿐 아니라 형용사의 표현 또한 늘어나게 되는데요. 처음에는 간단하고 직관적인 묘사어(hot/cold, wet/dry, hard/soft 등) 몇 가지를 주로 사용하다가 점점 어휘를 다양하게 늘려갑니다. 따라서 처음 묘사어를 사용하는 아이라면 한꺼번에 너무 많은 표현을 알려주려고 하기보다 아이에게 새롭고 의미 있는 묘사어 한두 가지를 반복적으로 노출해주며 개념의 이해를 돕는 게 좋아요. 그 후에 차차 어휘를 넓혀가는 것이 효과적입니다.

미국 언어치료사가 추천하는 언어발달 장난감

요즘 시대는 육아 정보가 넘쳐나고 온라인을 통한 육아 정보 공유 또한 왕성합니다. 게다가 순탄한 육아 생활을 돕는 다양한 아이템들도 참 많이 나와 있지요. '이 장난감은 두뇌발달에 좋다더라', '저 장난감은 언어발달을 촉진시켜 준다더라' 등 아이의 발달을 위해서라면 무엇이든 해주고 싶은 부모의 마음을 저격하는 마케팅 전략들도 쏟아져 나옵니다. 그중에는 다양한 발달 영역에 도움을 주는 좋은 제품도 있고 아이들의 취향을 저격해 꾸준히 사랑받는 장난감들도 있습니다. 반면 그리 좋다던 장난감이 우리 아이에겐 흥미조차 불러일으키지 못할 때도 있고 또 광고하는 만큼의 발달 효과를 보지 못하는 장난감들도 존재하지요.

그렇다면 언어발달에 있어서 아이에게 도움을 줄 수 있는 장난감들은 어떤 것이 있을까요?

포인트

① 아이가 관심을 갖는 장난감

아이들은 흥미로워야 재미있게 놀이할 수 있습니다. 아무리 언어발달에 좋은 장난감이라 하더라도 아이가 관심을 갖지 않는다면 좋은 언어 자극이 되지 않습니다. 따라서 아이의 기질과 성향, 좋아하는 놀이 주제와 활동을 중심으로 장난감을 선택해보세요.

② 아이와 상호작용할 수 있는 장난감

아이가 누군가와 함께 가지고 놀며 상호작용을 주고받을 수 있는 장난감입니다. 함께 대화하고 상호작용을 주고받을 수 있는 대상이 없다면 언어발달은 이루지지 않습니다. 아이가 장난감을 독립적으로 가지고 놀면서 스스로 문제를 해결하고 창의력을 키워가는 것도 물론 중요해요. 하지만 아이의 언어발달과 사회성을 목적으로 장난감을 활용할 때는 상대방과 함께 소통하며 즐겁게 노는 시간이 필요합니다. 단순히 아이가 장난감을 가지고 노는 모습을 옆에서 지켜보기만 하지 말고 함께 능동적으로 참여하며 티키타카 즐거운 소통을 이어가보길 바랍니다.

언어발달에 도움이 되는 장난감

놀이 참여를 유도하는 장난감

공, 블록 등

신체 어휘를 알려주기 좋은 장난감

포테이토 아저씨, 스티커, 목욕놀이,
병원놀이 등

도움을 요청할 수 있는 장난감

태엽 장난감, 팝튜브, 비눗방울 등

간단한 명명과 요구 표현을 돕는 장난감

꼭지퍼즐, 도형 맞추기, 스티커북 등

아이가 매일 경험하는 일상이
소재가 되는 장난감

사람 인형, 동물 인형, 각종 피규어,
주방놀이, 청소도구 등

재미난 의성어와 의태어를
자극하는 장난감

동물 인형, 괴물 인형, 자동차, 중장비,
기차, 악기, 볼드롭, 미끄럼틀 등

여러 놀이 행동을 확장할 수 있는 장난감	놀이를 계획하고 실행할 수 있는 장난감
인형 집, 병원놀이, 치과놀이 등	생일파티, 쇼핑놀이 등

나만의 이야기를 만들 수 있는 장난감	상상력과 표현력의 확장을 돕는 장난감
주차장, 세차장, 소방서 등	공룡, 공주, 슈퍼히어로, 만화 캐릭터 등

SENTENCES TO STORIES

3

문장에서 이야기로

3세 이후 아이들은 인지적으로 단순한 문장 표현에서 더 나아가 생각과 생각을 이어 더 길고 정교한 표현을 하며 개념과 개념을 연결해 나갑니다. 복문을 사용하기도 하고, 접속사로 문장과 문장을 연결하기도 하죠. 인상 깊었던 지난 경험이나 사건을 타인과 나누고 싶어 하며, 한자리에 앉아서 흥미로운 이야기 하나를 끝까지 들을 수 있습니다. 또 두 가지 이상의 대상을 두고 서로 비슷하거나 다른 요소를 비교하고 대조하기도 합니다. 모국어 수준이 조금 더 높은 아이들의 이러한 인지적 발달 수준을 고려한 영어 놀이를 소개해볼게요. 매우 긴 영어 문장과 스토리를 이해하기 시작하면서 문장 표현이 확연하게 늘어난 아이들에게 유용한 언어적 요소를 더했습니다. 아이의 영어 수준에 따라 레벨을 조절하며 실행해보세요.

Go through the tunnel.

터널을 통과해요.

| 적정 연령 | 36~60개월 |
| 준 비 물 | 여러 가지 장애물(의자, 상자, 공, 책, 인형, 이불 등) |

장애물 놀이

집 안에 있는 물건들을 활용해 장애물 코스를 만든 후 신체 놀이와 함께 언어 자극을 주는 놀이입니다. 직접 몸을 움직이며 그에 상응하는 위치 어휘와 동사를 배울 수 있어요. 순차적 어휘를 사용해 일련의 순서를 이해하고 설명하는 법도 익혀보아요.

🚗 **놀이 포인트**

이불, 소파, 바구니, 책 등 집에 있는 다양한 가구와 물건으로 아이와 함께 장애물 코스를 만들어보세요. 그 과정에서 다양한 위치 어휘와 전치사를 사용할 수 있습니다. 넘어지거나 다칠 위험이 없는지 꼭 확인한 후 놀이를 시작하세요.

MP3 듣기

Adult		
	Let's play obstacle course!	장애물 놀이하자!
	Go through the tunnel.	터널을 통과해요.

강조 행동을 하면서 전치사를 강조해 표현해주세요.

Step over the chairs. 의자를 넘어서 가요.

모델링 아이가 행동을 수행하는 순간 표현을 모델링해주세요.

Crawl under the blanket. 이불 밑으로 기어가요.

Walk on the couch. 소파 위로 걸어가요.

Throw a ball into the bucket. 바구니 안으로 공을 던져요.

Walk around the books. 책 옆으로 돌아서 가요.

BONUS

Can you help me set up the obstacle course?
장애물 코스 만드는 것을 도와줄래?

놀이 포인트

직접 장애물 코스를 따라가며 차례대로 순서를 설명해보세요. 'first(먼저), next(다음), then(그리고 나서)' 등의 순서를 나타내는 순차적 어휘를 자연스럽게 사용할 수 있답니다.

MP3 듣기

Adult

First, you go through the tunnel.

강조 순차적 어휘인 'First'를 강조해 표현해주세요.

먼저 터널을 통과해요.

Next, you step over the chairs.

다음 의자를 넘어서 가요.

Then, you crawl under the blanket.

그리고 나서 이불 밑으로 기어가요.

And then, you walk on the couch.

그다음엔 소파 위로 걸어가요.

And last, you throw a ball into the bucket.

마지막으로 공을 바구니 안에 던져요.

손짓 단서 손가락으로 하나씩 세며 순차적 어휘를 들려줘도 좋아요.

BONUS

I have an idea! Maybe we can…? 좋은 생각이 났어! ~해보면 어떨까?

Put some pillows here. 여기에 베개를 놓으세요.

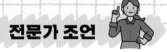

아이들이 어떠한 상황이나 방법에 대해 설명을 하려면 먼저 사건의 순서를 이해해야 합니다. 상황이나 사건, 방법 등의 순서를 올바르게 나열하고 설명할 수 있는 능력은 언어적 표현과 말하기 능력을 더욱 풍부하게 강화시켜 줍니다. 두서없이 순서가 뒤죽박죽 섞인 이야기보다 '먼저', '그다음', '그러고 나서', '그랬더니'와 같은 순차적 어휘를 사용해 사건을 조리 있게 나열할 수 있다면 더 좋겠죠? 이러한 능력은 추후 글쓰기 능력과 연결될 뿐만 아니라 하나의 주제(장애물 코스 완주) 아래 여러 정보를 순서대로 기억하고 수행하는 실행 기능 능력과도 연관이 있습니다. 재미있는 놀이를 통해 순차적 개념을 자연스럽게 익혀보세요.

You found a flower!

꽃을 찾았네!

| 적정 연령 | 36~60개월 |
| 준 비 물 | 보물찾기 리스트 |

표현 확장 놀이

미국 어린이집이나 유치원은 물론 가정에서도 계절마다 산책을 하며 보물찾기를 즐겨 한답니다. 계절과 자연에 관한 어휘뿐 아니라 꽃, 풀잎, 돌, 나무 등 자연물과 연관된 다양한 서술 어휘를 함께 자극하기에 무척 효과적이에요. 우리 집 산책 코스에서 자주 보이는 아이템을 그림으로 그려보세요.

🚗 놀이 포인트

아이와 함께 자연 보물찾기 리스트를 만듭니다. 그림을 그려도 좋고, 영어 단어로 써도 좋아요. 이제 리스트를 가지고 아이와 함께 산책해볼까요? 다음과 같은 요소를 더해 아이의 표현을 확장해주세요.

MP3 듣기

색깔

Adult	Do you see a flower?	꽃이 보이니?
Child	Right here!	여기요!
Adult	You found a flower!	꽃을 찾았네!

손짓 단서 손가락으로 꽃을 명확히 가리키며 말해주세요.

Child	Yay, flower!	와, 꽃이다!
Adult	Yes, it's a flower. It's a yellow flower.	맞아, 꽃이야. 노란색 꽃이야.

반복 중요한 어휘를 다양한 문장으로 바꿔 들려주세요.

모양

Adult	Do you see a rock?	돌이 보이니?
Child	Over there!	저기요!
Adult	There's a rock!	저기 돌이 있었네!
Child	I found a rock!	돌을 찾았어요!
Adult	You found a rock. It's a round rock.	돌을 찾았네. 둥그런 돌이네.

＊252쪽에서 더욱 다양한 표현을 만나보세요.

BONUS

I don't see any dogs. 강아지는 안 보이네.
Where can they be? 어디 있을까?

놀이 포인트

산책은 즐거웠나요? 집에 돌아와 아이와 함께 보물찾기 리스트를 보며 대화를 나눠보세요. 복습으로 어휘를 반복 노출해주면 표현을 확실하게 습득하는 데 도움이 됩니다. 단, 아이를 시험하듯 질문만 늘어놓지 마세요. 주고받는 균형을 맞춰가며 자연스러운 대화로 이끌어야 합니다.

MP3 듣기

Adult	We found a flower.	우리는 꽃을 찾았어.
	What color was the flower?	무슨 색이었더라?
	멈추고 기다림 아이가 자발적으로 대화에 참여하도록 기다려주세요.	
Child	Yellow!	노란색이요!
Adult	Yeah. It was a yellow flower.	맞아. 노란색 꽃이었지.
	And we found a rock.	그리고 돌도 찾았지.
	We found a round rock.	둥그런 돌을 찾았었지.
Child	Yeah, a round rock.	네, 둥그런 돌이요.
Adult	Yes, it was a round rock.	맞아, 둥그런 돌이었지.
	And we found a branch.	나뭇가지도 찾았지.
	We found a long branch, huh?	긴 나뭇가지를 찾았어, 그렇지?
Child	Yes.	네.
Adult	What else did we find?	또 뭘 찾았지?
Child	An airplane!	비행기요!
Adult	Yeah. We saw an airplane up in the sky.	맞아. 하늘에 비행기도 찾았지.

BONUS

Where did we find the…? ~는 어디서 찾았더라?
Where did we find the flower? 꽃은 어디서 찾았더라?

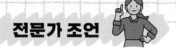

아이들에게 가장 효과적인 언어 자극은 무엇보다 아이의 발달 수준과 현재 관심사에 맞는 것입니다. 평소 아이가 어떤 것에 관심을 보이는지 가장 잘 아는 사람은 아마 부모님일 거예요. 아이가 흥미를 보일 만한 요소들을 놀이에 더해 아이가 자발적으로 표현을 시도할 수 있는 기회를 제공해주세요. 아이의 자발적인 표현은 곧 아이의 발달 수준을 이야기해줍니다. 부모님이 다양한 어휘를 더해 표현하고 반응해준다면 아이의 언어를 아이의 수준에 알맞게 또는 한 단계 위로 확장시킬 수 있을 거예요.

What's the same or different?

무엇이 같거나 다를까?

| 적정 연령 | 42~60개월 |
| 준 비 물 | 도화지, 크레파스 |

비교와 대조 놀이

그림 그리기 활동은 아이의 창의력과 주도성을 키워줄 뿐 아니라 사고와 언어 표현을 단계적으로 확장시키기 좋습니다. 아이가 그린 그림과 비슷하게 그리거나 살짝 다르게 그린 후 아이와 함께 그림을 살펴보며 공통점과 차이점을 나눠보세요. 그림이 비슷할수록 더 많은 공통점을, 다를수록 더 많은 차이점을 묘사해볼 수 있겠죠?

LEVEL 1

🚗 놀이 포인트

아이가 원하는 그림을 먼저 그리게 합니다. 부모님도 옆에서 아이와 비슷한 그림을 그려봅니다. 그림을 그리면서 또는 완성한 후, 두 그림의 어떤 점이 같은지 아이와 이야기를 나눠보세요. 단, 아이의 그림과 완벽하게 똑같이 그리기보다 색깔, 모양, 크기 등 몇 가지 특징을 조금씩 바꾸는 것이 좋습니다.

MP3 듣기

Adult	What do you want to draw?	무엇을 그리고 싶니?
Child	Mommy!	엄마요!
Adult	Okay, I will draw Mommy, too!	그래, 그럼 엄마도 엄마를 그려볼게.
	What's the same?	어떤 것이 똑같아 보여?
Child	They both have···.	둘 다···.

멈추고 기다림 아이가 문장을 완성하도록 기다려주세요.

Big/Small eyes. 큰/작은 눈을 갖고 있어요.

Long/Short arms. 팔이 길어요/짧아요.

Circle/Rectangle/Oval bodies. 몸이 동그라미예요/직사각형이에요/타원형이에요.

Adult	We both colored the dress yellow!	우리 둘 다 드레스를 노란색으로 칠했네!

손짓 단서 그림을 손가락으로 명확히 가리키며 표현해주세요.

BONUS

They look the same! 똑같아 보여!

They look similar. 비슷해 보이네.

LEVEL 2

놀이 포인트

이번에는 두 그림의 다른 부분을 찾아보며 대조하는 시간을 가져보세요. 완전한 두 문장을 이어주는 접속사(and, but)를 사용해 중문을 만들어보는 기회가 됩니다. 물론 아이의 발달 수준에 따라 문장을 나눠도 좋습니다.

MP3 듣기

Adult	**What's different?**
	Yours is wearing a dress, and mine is wearing pants.

손짓 단서 각각의 그림을 손가락으로 가리키며 표현해주세요.

Yours has curly hair, but mine has straight hair.

You colored the shoes red, and I colored the shoes blue.

You drew Mommy, and I drew you!

어떤 부분이 다를까?

네 것은 드레스를 입고 있고 내 것은 바지를 입고 있네.

네 것은 곱슬머리를 하고 있지만 내 것은 생머리를 하고 있네.

너는 신발을 빨간색으로 색칠했고 나는 신발을 파란색으로 색칠했네.

너는 엄마를 그렸고 나는 너를 그렸어!

Adult	**Yours is _____, and/but mine is _____!**

반복&모델링 접속사 'and, but'을 반복해서 모델링해주세요.

Yours has _____, and/but mine has _____.

You colored it _____, and/but I colored it _____.

You drew _____, and/but I drew _____.

네 것은~ 그리고/하지만 내 것은 ~야.

네 것은 ~를 갖고 있고/있지만 내 것은 ~를 갖고 있네.

너는 이것을 ~로 색칠했고/했지만 나는 이것을 ~로 색칠했네.

너는 ~를 그렸고/그렸지만 나는 ~를 그렸네.

BONUS

They look different! 달라 보여!

They look a little bit different. 조금 달라 보이네.

175

두 가지 이상의 대상을 두고 각각의 특징들을 비교하고 대조하는 능력은 아이들이 보이는 대상을 적절한 표현으로 묘사하고 논리적으로 설명하는 능력을 키워줍니다. 그뿐만 아니라 향후 학령기에도 더욱 다양하고 정교하게 학습에 적용되는 부분이지요. 어른이 되어서도 물건을 하나 사려면 여러 선택지를 두고 비교하고 대조하며 분석할 수 있는 능력이 필요합니다. 이와 같이 아이들이 어떠한 개념 또는 대상을 눈에 보이는 것 그대로 받아들이는 게 아니라 더 나아가 다양한 정보를 수집하고 정리해 비판적으로 분석하고 판단하며 자신만의 의견과 생각을 형성할 수 있는 고등 사고 능력Higher-order thinking skills의 기반이 될 수 있습니다. 아이의 현재 발달 수준과 흥미도를 잘 관찰한 후 아이의 주도에 따라 다양한 표현을 더해주세요.

04

I need your help, superhero!

도움이 필요해요, 슈퍼히어로!

| 적정 연령 | 36~60개월
| 준 비 물 | 공구 놀이 장난감, 반창고, 망토

문제 해결 놀이

아이들은 누군가에게 도움이 되는 일을 참 좋아합니다. 그래서 평소 어른들만 할 수 있는 일을 가상놀이를 통해 따라 하는 것을 무척 즐기죠. 무언가를 고치고 작은 문제들을 해결하는 역할을 적극적으로 하고 싶어 합니다. 아이가 슈퍼히어로가 되어 집안 곳곳의 문제들을 해결하며 자조 능력과 뿌듯함을 키울 수 있게 해주세요.

놀이 포인트

의자, 식탁 등 가구에 반창고를 붙여주세요. 아이에게 장난감 망치나 드라이버를 쥐여주고, 집안 곳곳을 돌아다니며 고장난 물건을 고치도록 유도합니다. 물건을 다 고친 후에는 과거시제을 사용해 "해냈네!", "와, 고쳤다!" 등 뿌듯함을 느낄 수 있는 표현으로 반응해줍니다.

MP3 듣기

Adult	Uh oh, the chair broke!	어머, 의자가 부러졌네!
	강조 과거시제는 조금 더 강조해서 말해주세요.	
	Can you fix the chair?	의자 좀 고쳐주겠니?
Child	Tap tap! I fixed it.	탁탁탁! 고쳤어요.
Adult	Wow, you fixed the chair. Thank you!	와, 의자 다 고쳤네. 고마워!
	모델링 아이의 행동을 과거시제 표현으로 모델링해주세요.	
	Oh no, the table broke, too.	어머, 식탁도 부러졌네.
	Could you fix the table?	식탁도 좀 고쳐줄 수 있겠니?
Child	Tap tap! Finished!	탁탁탁! 다했다!
	I fixed the table.	식탁도 고쳤어요.
Adult	You fixed the table! Good job.	식탁도 고쳤네! 잘했어.
	What else can you fix?	또 무엇을 고칠 수 있을까?
Child	Oh no, the couch broke.	아이고, 소파가 부러졌어요.
	I will fix it.	내가 고칠게요.

BONUS

··· is not working! ~가 작동이 안 돼요!
The refrigerator is not working! 냉장고가 작동이 안 돼요!

178

놀이 포인트

이번에는 조금 더 다양한 문제들을 해결해볼까요? 아이가 해결 방법을 잘 모르거나 아직 표현에 서툴다면 "I think…"와 같은 표현을 모델링해주세요. 아이가 문제를 해결하면 긍정적으로 반응해주며 자연스럽게 과거형 문장을 들려줍니다. 사소한 문제가 생길 때마다 슈퍼히어로를 소환하며 놀이해보세요.

MP3 듣기

Adult	Superhero! I need your help! The teddy bear spilled water on the table! I think we need to clean it up. You cleaned the table!	슈퍼히어로! 도움이 필요해요! 곰돌이가 식탁에 물을 쏟았어! 치워야 해. 식탁을 치웠네!
	Someone turned off the lights! It's too dark! I think we need to turn on the lights. You turned the lights on!	누군가 불을 꺼버렸어! 너무 깜깜해! 불을 켜야 해. 불을 켰네!
	Baby dropped his bottle! I think we need to pick it up for her. You picked up the bottle!	아기가 젖병을 떨어뜨렸어! 주워줘야 해. 젖병을 주워줬네!
	Daddy is hurt! I think we need to give him a bandaid. You gave him a bandaid!	아빠가 다쳤어! 반창고를 줘야 해. 반창고를 줬네!
문제 해결 과거형	Superhero! I need your help! I think we need to…. Let's…. Yay, you did it!	슈퍼히어로! 도움이 필요해요! 우리가 ~해야 할 것 같아. ~하자. 와, 해냈다!

BONUS

What can we do? 어떡하지?/무엇을 할 수 있을까?

한국어에서 쓰이는 과거형을 나타내는 어말어미(-ㅆ)에 비해 영어의 과거형 표지는 조금 더 다양하며 규칙에 예외가 많습니다. 크게 규칙 과거 동사Regular past tense와 불규칙 과거 동사Irregular past tense로 나뉘는데, 규칙 과거 동사(-ed)의 표지는 약 24~48개월 사이에 습득이 됩니다. 반면 단어마다 패턴이 조금씩 다른 불규칙 과거 동사는 3세에서 9세 정도까지 긴 시간에 걸쳐 차차 습득되지요. 대부분 처음에는 규칙 과거 동사(-ed)를 일반화해 사용하다가 자연스럽게 올바른 표기를 습득해 나갑니다 (runned-ran, finded-found). 불규칙 과거 동사의 경우에도 노출 빈도가 높은 표현들(went, saw, gave 등)은 어린 나이에도 습득이 되지만 노출 빈도가 적은 동사들은 헷갈려 하는 경우가 많아요. 그래도 너무 걱정하지 마세요. 아이의 인지와 언어가 성장함에 따라 알맞은 과거형 표지의 정확도도 올라갑니다. 올바른 과거시제의 사용은 미국에서 영어를 모국어로 배우며 자라는 아이들도 오랜 시간에 걸쳐 많이 들으며 습득되는 부분이에요. 이 사실을 기억하며 조급함을 버리고 꾸준히 노출시켜 습득할 수 있게 도와주세요.

05

Name a color!

색깔 이름을 이야기해 봐!

| 적정 연령 | 48~60개월 |
| 준 비 물 | 없음 |

범주 어휘 놀이

라운드 로빈Round robin은 스포츠에 참가한 모든 팀이 차례대로 돌아가며 한 번씩 경기하는 방식을 말해요. 여러 사람이 돌아가며 참여하는 개념을 따서 '라운드 로빈 게임'이라고 하죠. 마치 '끝말잇기'와 비슷하죠? 하나의 범주어를 정하고, 아이와 차례대로 돌아가며 범주에 해당하는 단어를 하나씩 이야기하는 놀이입니다. 식당이나 공원 등 공공장소에서도 준비물 없이 바로 할 수 있는 언어 자극 놀이랍니다.

놀이 포인트

하나의 범주어를 정하고, 그에 해당하는 단어를 엄마와 아이가 돌아가며 하나씩 이야기합니다. 마지막으로 단어를 말하는 사람이 이기는 게임이에요. 아이가 어려워하면 집에 있는 책을 참고하거나 부모님이 살짝 힌트를 줘도 좋습니다. 놀이의 목적은 아이의 실력을 확인하는 것이 아니라 어휘를 확장하는 데 도움을 주는 것이니까요.

MP3 듣기

Adult	Name a··· color!	색깔 이름을 이야기해 봐!
	I'll go first.	내가 먼저 할게.
	Blue.	파란색.
Child	Red.	빨간색.
Adult	Yellow.	노란색.
Child	Pink.	분홍색.

BONUS

Can you think of a color? 생각나는 색이 있니?

LEVEL 2

이번에는 한 단계 수준을 더 높여볼까요? 첫 번째 단계와 같은 맥락이지만, 파닉스의 가장 기초가 되는 음가를 활용한 놀이로 바꿔볼 수 있습니다. 제시된 초성에 알맞은 단어를 엄마와 아이가 돌아가며 말해보세요. 모음보다 자음 위주로, 단어 맨 앞의 초성을 먼저 충분히 익히는 것이 좋습니다.

MP3 듣기

Adult	Name a word that starts with a /b/ sound.	b로 시작하는 단어를 말해보자!
Child	b… bus!	버스!
Adult	Good one! Okay, my turn….	좋은데! 그럼 내 차례….
	b… blue!	파란색!
Child	b… ball.	공.

BONUS

I can't think of any! 이제 생각이 안 나!

I can't think of any more words. 이제 생각나는 단어가 없어.

183

전문가 조언

연구에 의하면 이중언어자(바이링구얼)들은 단일언어자들에 비해 특정 단어를 기억해 산출해내는 어휘 인출 능력이 조금 더 느리다고 합니다.[1] 예를 들어 어떠한 그림을 보고 그 단어를 생각해내는 속도가 단일언어자보다 살짝 뒤쳐진다는 것이지요. 이는 언어의 노출 빈도가 아무래도 두 갈래로 나뉘고 또 두 가지 언어 속에서 알맞은 단어를 선택해 사용하는 데 더 많은 인지적 자원이 필요하기 때문입니다. 따라서 라운드 로빈 게임 같은 놀이를 통해 다양한 범주 속 여러 어휘를 정리해 산출해내는 경험을 쌓게 하면 아이의 어휘 산출 능력에 도움을 줄 수 있습니다.

---

1 Sullivan, M. D., Poarch, G. J., Bialystok, E. (2018). Why is Lexical Retrieval Slower for Bilinguals? Evidence from Picture Naming. Bilingualism(Cambridge, England), 21(3), 479–488.

Color the leaves red.

나뭇잎을 빨간색으로 색칠해요.

| 적정 연령 | 36~48개월 |
| 준 비 물 | 컬러링 도안, 크레파스 등 색칠 용품 |

지시 이해하기 놀이

평범한 색칠공부 활동에 언어적 요소를 더해 놀이해봅시다. 언어 표현을 주의 깊게 듣고 수행하는 데 목표를 둡니다. 아이가 좋아하는 캐릭터 그림으로 시작해보세요. 향기 나는 크레파스, 캐릭터 색연필 등 특별한 도구로 아이의 흥미를 이끄는 것도 좋은 방법이에요.

🚗 **놀이 포인트**

아이가 좋아하는 그림 도안을 같은 걸로 두 장 준비하세요. 한 장은 부모님이 미리 색칠해 완성합니다. 자, 이제 부모님의 지시사항을 듣고 아이가 같은 그림을 완성합니다. 두 그림을 비교하며 한 번 더 풍성한 대화를 나눠보세요. 틀린 것을 채점하는 대화가 아니라 두 그림의 차이를 찾는 놀이라는 점을 기억하세요!

MP3 듣기

Adult	Color the leaves red.	나뭇잎을 빨간색으로 색칠해요.
	Color the tree trunk orange.	나무 통을 주황색으로 색칠해요.
	손짓 단서 'tree trunk'를 가리키며 힌트를 줘도 좋아요.	
	Color the grass green.	잔디를 초록색으로 색칠해요.
	Color the girl's hair yellow.	여자아이의 머리를 노란색으로 색칠해요.
	Color the boy's hair brown.	남자아이의 머리를 갈색으로 색칠해요.
	Let's see if it's the same as mine!	내 것과 같은지 한번 보자!
Child	Is it the same?	똑같은가요?
Adult	They look the same!	똑같아 보이네!
Child	They look slightly different.	살짝 달라 보여요.
	What's different?	뭐가 다르지?
Adult	You colored the girl's hair brown and I colored it yellow.	너는 여자아이의 머리를 갈색으로 칠했고 나는 노란색으로 칠했네.

BONUS

The girls have different color hair! 여자아이들의 머리 색깔이 서로 다르네!
The tree trunks are different colors, too. 나무 통들도 색깔이 달라.

186

놀이 포인트

이번에는 순서를 바꿔 아이가 먼저 색칠하고 부모님에게 지시를 내리도록 해주세요. 아이가 한 가지 지시사항을 쉽게 이해할 수 있는 단계라면 문장을 더 추가해도 좋아요. 다양한 위치 어휘와 형용사를 더해주기 좋은 놀이랍니다.

MP3 듣기

Child	Color the big elephant.
	Color the tall tree.
	Color the star next to the cat.
	Color the cat in front of the house.

큰 코끼리를 색칠해요.

높은 나무를 색칠해요.

고양이 옆에 있는 별을 색칠해요.

집 앞에 있는 고양이를 색칠해요.

두 단계 지시사항을 더해보세요. 자연스럽게 시제 어휘를 포함한 복문을 들려줄 수 있어요.

Adult	First, color the hair brown.
	Then, color the face yellow.
	After you color the star, color the house.
	Before you color the big elephant, color the tall tree.

먼저 머리를 갈색으로 색칠해요.

그다음 얼굴을 노란색으로 색칠해요.

별을 색칠한 다음 집을 색칠해요.

큰 코끼리를 색칠하기 전에 높은 나무를 색칠해요.

BONUS

Color the hair brown and color the face yellow.
머리를 갈색으로 색칠하고 얼굴을 노란색으로 색칠해요.

187

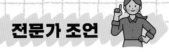

구어적 지시사항을 듣고 이해한 후 정보를 잘 기억해 수행하려면 꽤 정교한 언어 능력과 집중도가 필요합니다. 따라서 아이의 반응을 잘 살펴 아이에게 필요한 단서와 도움을 충분히 제공하고 이해 능력을 서서히 넓혀주세요. 예를 들어, 아이가 이해하지 못한 것 같은 단어는 그림에서 손으로 가리키거나 특정 색깔의 크레파스를 앞에 놓아주는 식이죠. 또 지시사항을 필요한 만큼 여러 번 반복해 들려주고, 긴 문장은 천천히 짧게 나누어서 표현하는 등 다양한 도움을 제공하면 더욱 좋습니다.

07

What do you see?

뭐가 보여?

| 적정 연령 | 30~60개월 |
| 준 비 물 | 휴지심 2개 |

어휘의 폭을 넓히는 놀이

미국 아이들은 누구나 'I Spy' 게임을 하며 자랍니다. 우리나라의 '스무고개'와 비슷한데요. 한 사람이 주위에 보이는 것 중 하나를 골라 힌트를 주면 상대방이 맞히는 게임입니다. 준비물 없이 바로 시작해도 좋고, 휴지심 두 개를 붙여 망원경을 만들어 사용해도 좋아요. 아이가 더욱 적극적으로 참여할 거예요.

🚗 **놀이 포인트**

먼저 쉽고 단순한 버전부터 시작해봅시다. 아이와 망원경을 하나씩 들고 서로 보이는 것을 말하며 같이 찾아보세요. "What do you see?" 질문과 "I see…." 문장을 반복적으로 주고받으며 집안 곳곳에 있는 다양한 물건들에 대해 이야기를 나눠보세요.

MP3 듣기

Adult	What do you see?	뭐가 보여?
	멈추고 기다림 아이가 사물을 찾아보고 반응하도록 기다려주세요.	
Child	A clock!	시계요!
Adult	You see a clock?	시계가 보여?
	Oh, I see a clock, too!	아, 나도 시계가 보인다!
	I see a refrigerator!	냉장고도 보여!
Child	I see it, too!	나도 보여요!
	I see a cup!	컵도 보여요!
Adult	Oh, where is the cup?	어? 컵은 어디 있지?
Child	There!	저기요!
Adult	Oh, it's over there! I see it!	아, 저기 있구나! 보인다!
	It's on the counter.	조리대 위에 있네.

BONUS

I can see the…. ~가 보여.
I can see the rice cooker. 밥솥이 보여
I can't see… / I don't see…. ~이/가 보이지 않아.
I can't see the computer. 컴퓨터가 보이지 않아.
I don't see the computer. 컴퓨터가 보이지 않아.

놀이 포인트

이번에는 조금 더 난이도를 높여봅시다. 부모 또는 아이 중 한 사람이 망원경으로 주위를 살핀 후 한 가지 물건을 정합니다. 힌트를 듣고 무슨 물건인지 맞혀보세요. 하나의 힌트를 가지고 'Yes/no' 문장으로 맞히거나 물건의 특성에 대한 정보를 주며 어휘의 폭을 넓힐 수도 있습니다.

MP3 듣기

Adult	I spy with my little eye something brown.	내 작은 눈에는 갈색 물건이 보여.
Child	Is it a bookshelf?	책장이에요?
Adult	No.	아니.
Child	What shape is it?	어떤 모양이에요?
Adult	It's a rectangle.	직사각형이야.
Child	How big is it?	얼마나 커요?
Adult	It's very big.	엄청 커.
Child	What do you do with it?	뭐 하는 물건이에요?
Adult	You can open and close it.	열고 닫을 수 있어.
Child	Is it a door?	문이에요?
Adult	Yes!	맞아!

＊253쪽에서 더욱 다양한 힌트를 만나보세요.

BONUS

You guessed it! 맞혔어!
You got it right. 잘 맞혔어.
Try again. 다시 한번 해봐.

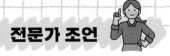

어휘는 쌓이면 쌓일수록 뇌에서 그것을 정리하고 분류해 서로 연결시켜 기억합니다. 단어와 단어의 의미를 연결하고 한 단어의 특성을 나타내는 표현들을 함께 묶는 연습은 아이의 어휘와 표현력, 논술력 등을 향상시키는 데 도움을 줄 수 있지요. 아이에게 너무 어렵지 않고 아이의 수준에 알맞은 시각적 또는 의미적 단서를 제공해주며 즐거운 상호작용을 이어가보세요. 어느 순간 높은 수준의 어휘까지 구사하는 아이를 보게 될 거예요.

What happened first?
먼저 무슨 일이 일어났지?

| 적정 연령 | 36~48개월
| 준 비 물 | 없음

이야기 연극 놀이

평소 아이가 즐겨 읽는 영어 원서를 활용해 연극을 해봅시다. 특히 짧은 명작동화와 같이 스토리 구성이 단조롭고 반복되는 구절이 있는 이야기는 집에서 역할극으로 만들기 좋아요. 아이가 등장인물로 변신해 이야기 흐름을 말과 행동으로 직접 전달하면 책을 읽을 때와는 또 다른 느낌으로 다가올 거예요.

🚗 **놀이 포인트**

아이가 평소에 즐겨 읽는 책을 하나 고릅니다. 그중에서도 특히 좋아하는 부분을 중심으로 이야기를 재연해봅시다. 짧은 몇 마디라도 좋아요. 반복을 통해 점점 더 많은 어휘를 더해보세요.

MP3 듣기

연극 준비

Adult	You'll be the pig, and I'll be the wolf.	네가 돼지 하고 내가 늑대 할게.
Child	This can be the straw house.	여기가 짚으로 지은 집이야.

연극 시작

Adult	Little pig, little pig, let me in!	돼지야, 돼지야, 문 좀 열어주렴!
	반복 아이가 흥미를 잃지 않도록 반복해 들려주세요.	
Child	Not by the hair on my chinny chin chin!	털끝만큼도 어림없어!
Adult	Then I'll huff, and I'll puff, and I'll blow your house in!	그럼 내가 후~ 불어서 집을 날려 버리겠다!

BONUS

What happens next? 그다음은 어떻게 되지?

194

LEVEL 2

 놀이 포인트

아이와 함께 책을 읽을 때와 마찬가지로, 연극을 계획하고 실행하는 과정에서도 이야기에 관한 다양한 질문을 던지면 내용을 더욱 깊이 들여다볼 수 있습니다. 즉흥적으로 질문하는 것이 부담스럽다면 미리 질문을 만든 후 아이와 이야기를 나눠보세요.

MP3 듣기

Adult	**What happened first?**	먼저 무슨 일이 일어났지?

멈추고 기다림 질문을 던진 후 아이가 생각할 수 있도록 기다려주세요.

What did the second little pig use to build his house?　두 번째 돼지는 무엇으로 집을 지었지?

손짓 단서 책이 가까이에 있다면 손으로 그림을 가리켜주세요.

Oh no, what happened to the house?　어머, 집이 어떻게 된 거지?

Where are you going?　어디 가니?

Who is this?　이건 누구야?

Why didn't the house fall down?　집이 왜 무너지지 않은 거지?

BONUS

That's right! 맞아! 그러네!
I think…. 내 생각엔~.
I think he used sticks to build his house. 내 생각엔 돼지가 나무로 집을 지은 것 같아.

최근 발표된 연구에 따르면, 3~4세 아이들의 사회적 제스처 모방 능력은 아이의 이야기 말하기 능력과 상관관계를 맺는다고 합니다.[1] 즉, 아이들은 구어적 언어 자체만으로 언어를 습득하는 것이 아니라 그와 연관된 손짓과 몸짓, 표정 등 화자의 비구어적 맥락을 통해서도 흡수하는 언어적 요소들이 많다는 뜻이지요. 특히 일련의 순서와 사건이 있는 이야기를 논리적으로 전달할 수 있는 이야기 말하기 능력은 아이의 글쓰기 능력뿐 아니라 사회적 의사소통 능력의 기반이 되는 중요한 발달 요소입니다. 따라서 책을 함께 읽으며 이야기를 보고 듣는 것에서 그치지 마세요. 더 나아가 연극과 같은 능동적인 활동을 통해 몸으로 직접 표현해보며 다양한 형태로 언어를 접할 수 있도록 이끌어주세요.

---

1   Pronina, M., Grofulovic, J., Castillo, E., Prieto, P., Igualada, A. (2023). Narrative abilities at age 3 are associated positively with gesture accuracy but negatively with gesture rate. Journal of Speech, Language, and Hearing Research.

60

What did we do?

우리가 뭘 했지?

| 적정 연령 | 42~60개월 |
| 준 비 물 | 사진 3~4장, 큰 도화지 |

사진 일기 만들기 놀이

아이와 함께 동물원이나 키즈카페에 가거나 산책을 한 날에는 사진으로 추억을 남기잖아요? 그날 찍은 사진 중에 3~4장을 골라 출력해보세요. 사진을 시간순으로 배열한 뒤 그날을 회상하며 아이와 풍성한 대화를 나눠보세요.

놀이 포인트

아이와 함께 재미있는 하루를 보내고 그날의 일과를 사진으로 기록합니다. 찍은 사진을 3~4장 출력하세요. 사진을 뒤죽박죽 섞은 후 아이 앞에 놓습니다. 시간 순서에 맞게 사진을 배열하고 추억을 이야기해보세요. 아이가 경험을 회상할 때는 다양한 과거시제(단순/불규칙) 동사의 쓰임을 모델링해주면 좋아요.

MP3 듣기

Adult	What did we do first?	우리 제일 먼저 뭘 했지?
Child	We saw monkeys!	원숭이를 봤어요!
Adult	Yes, we saw monkeys!	맞아, 원숭이를 봤지!

모델링 과거 표현을 모델링해주세요.

What did we do next? 다음엔 무얼 했지?

Next, we saw lions. 다음엔 사자를 봤지.

모델링 과거 표현을 반복해서 모델링해주세요.

And then, what did we do? 그다음 무얼 했더라?

And then, we ate lunch at the restaurant. 그다음 음식점에서 점심을 먹었지.

What did we do last? 마지막엔 무얼 했지?

Last, we saw some huge elephants! 마지막엔 큰 코끼리들을 봤지!

What a fun day! 너무 재미있는 하루였다!

Let's hang it up on our wall. 벽에 걸어두자.

BONUS

I think we ate lunch before we saw the elephants.
코끼리를 보기 전에 점심을 먹었던 것 같은데.

놀이 포인트

아이의 표현력이 좋다면 난이도를 높여 더욱 상세한 대화를 나눠보세요. 사건 하나하나를 깊이 파고들며 어떤 부분이 특별히 인상 깊었는지 물어보는 것도 좋겠지요? 놀이를 끝낸 후 시간순으로 정렬한 사진을 액자에 담아 벽에 걸거나 일기장에 붙이면 더욱 특별한 추억이 될 거예요.

MP3 듣기

Adult

The monkeys were sleeping on the trees. 원숭이가 나무 위에서 자고 있었지.

모델링 아이에게 익숙하지 않은 표현은 사진을 가리키며 모델링해주세요.

The lions had manes around their neck. 사자 목덜미에 갈기가 있었지.

The pizza was very delicious! 피자 참 맛있었어!

What else did we see/do/eat? 또 무엇을 봤지/했지/먹었지?

BONUS

Do you remember⋯? ~기억나니?

Do you remember the baby elephant? 아기 코끼리 기억나니?

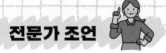

자신의 경험을 회상하고 기억하며 전달하는 이야기 능력은 타인과의 사회적 의사소통에 매우 유용하지만, 추후 글쓰기와 문해력에도 강력한 도구로 사용될 수 있습니다. 사실 각 문화마다 고유의 특성에 차이가 조금씩 있긴 하지만, '이야기'라는 건 본질석으로 사건과 사건이 시간적·인과적으로 서로 연결되어 있는 것을 말하지요. 'first, next, and then, last'와 같은 접속어를 사용해 사건이나 경험의 순서를 정리해 이야기를 전달할 수 있도록 도와주세요.

10

Should we sing Happy Birthday?

생일 축하 노래를 불러볼까?

| 적정 연령 | 36~54개월
| 준 비 물 | 케이크, 인형 등 생일파티 놀이 소품

질문으로 확장하는 놀이

아이들은 생일 케이크의 촛불을 끄는 걸 참 좋아합니다. 이제 생일파티 역할극을 해볼 건데요. 이 놀이가 중요한 이유는 놀이에 필요한 요소를 준비하고, 순서를 계획하고, 실행하는 과정에서 세부사항을 조직화하고 생각을 연결하는 등 상당한 집행기능과 집중력이 발휘되기 때문입니다. 아이 주도로 놀이 계획을 함께 세우며 즐거운 생일파티를 해보세요.

LEVEL 1

놀이 포인트

생일파티에는 일련의 순서가 있죠. 게다가 모두 함께 참여하는 파티이기 때문에 서로 놀이의 계획을 나누고 실행하기 참 좋습니다. 촛불을 켜고, 생일 축하 노래를 부르고, 케이크를 자르는 등 놀이 계획을 아이가 주도할 수 있게 해주세요. 부모님은 단답형(yes/no) 문장으로 함께 참여해보세요.

MP3 듣기

Adult

Should we sing Happy Birthday?
생일 축하 노래를 불러볼까?

Should we blow out the candles?
촛불을 꺼 볼까?

멈추고 기다림 놀이 계획에 대한 질문을 한 후 아이가 놀이를 주도하도록 충분히 기다려주세요.

Do you want to eat the cake first and then open the presents?
케이크를 먼저 먹고, 그다음에 선물을 열어볼래?

BONUS

How about we…? 우리 ~하면 어떨까?
How about we have a party at the table? 우리 책상에서 생일파티를 하면 어떨까?

놀이 포인트

더욱 풍성한 언어 자극을 주고 싶다면 생일파티를 준비하고 계획하는 과정부터 시작해볼까요? 먼저 생일파티 역할극에 필요한 준비물과 배경부터 아이가 차근차근 계획하도록 이끌어주세요. 상황에 알맞은 'Wh-' 질문으로 흐름을 잡아주면 좋습니다. 단, 너무 많은 질문은 아이에게 부담이 될 수 있으므로 아이의 답변을 기다리며 자연스럽게 반응해주세요.

MP3 듣기

Adult	Let's have a birthday party!	생일파티 하자!
	Whose birthday is it going to be?	누구 생일 할 거야?
Child	It's going to be my birthday!	내 생일 할 거예요!
Adult	All right!	좋아!
	What do we need?	무엇이 필요할까?
Child	We need a birthday cake!	생일 케이크가 필요해요!
Adult	We do.	맞아, 그렇지.
	Where can we find a cake?	케이크는 어디서 얻을 수 있을까?
Child	It's right here.	여기 있어요.
Adult	Okay, we have the cake.	그래, 그럼 케이크는 있고.
	Who are we going to invite?	누굴 초대할까?
Child	Some animal friends!	동물 친구들이요!
Adult	Okay! How are we going to invite them?	그래! 어떻게 초대하지?
Child	We will send them an invitation.	초대장을 보내줄 거예요.

BONUS

And then, what should we do? 그다음에 무엇을 해야 할까?

203

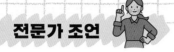

놀이를 통해 아이의 사고와 언어를 확장하기 가장 좋은 방법은 바로 아이의 주도를 따르는 것입니다. 아이가 스스로 놀이를 탐색한 후 계획하고 실행하며 언어로 표현하고 대화를 나누면서 상상력과 창의력, 인지 및 문제 해결 능력 등 다양한 발달의 근육을 키워나갈 수 있지요. 게다가 놀이의 맥락을 확장하는 좋은 질문은 아이의 사고와 언어를 확장시키는 데 큰 도움이 됩니다. 한국어의 육하원칙과 같이 'wh-question'이라 칭하는 다양한 질문들(who, what, where, why, how, when)을 통해 놀이를 이어가길 바랍니다.

11

Welcome to the car wash!

세차장에 어서 오세요!

| 적정 연령 | 24~60개월 |
| 준 비 물 | 상자, 색종이, 풀, 가위 |

특별한 경험 역할 놀이

아이들은 특별한 경험을 참 좋아합니다. 특히 차를 좋아하는 아이들은 세차장에 가는 것도 좋아하지요. 세차장과 같이 일상에서는 흔히 이루어지지 않는 상황에서도 아이가 풍성한 대화와 상상력을 펼칠 수 있도록 만들기와 가상놀이를 활용해보세요!

놀이 포인트

세차장부터 먼저 만들어봅시다. 빈 택배 상자나 신발 상자 또는 다 쓴 티슈곽의 양쪽에 큰 구멍을 내고 자동차가 드나드는 입구와 출구를 만듭니다. 색종이를 길게 오려 출구에 붙여주세요. 아이의 취향에 따라 색종이로 겉면을 꾸미면 완성입니다. 만들기를 하는 과정에서 'cut, glue, tape'와 같은 어휘에 익숙해지도록 대화를 건네보세요.

MP3 듣기

Adult	First, we will make the doors.	먼저 문을 만들자.
	Cut a hole on each side of the box.	상자의 양면에 구멍을 내자.
	모델링 행동과 동시에 표현을 천천히 모델링해주세요.	
	And then, we will make a brush.	그다음엔 브러쉬도 만들 거야.
	Cut out long, straight lines across the paper.	종이를 직선으로 길게 자르자.
	Then, glue(or tape) it on top of the exit.	그리고 출구에 붙이는 거야.
	Ta-da! We made a car wash!	짜잔! 세차장 완성!

BONUS

Do you want to decorate the box? 상자를 꾸며 볼래?

LEVEL 2

놀이 포인트

세차장을 완성했으니 이제 가상놀이를 할 차례입니다. 여러 가지 자동차와 중
장비 장난감을 모아 순서대로 세차를 시켜주세요. 먼저 부모님이 세차장 직
원, 아이가 자동차 주인이 되어 질문을 주고받습니다. 반대되는 형용사 'dirty/
clean(더러운/깨끗한)'을 사용해 대화를 나눠보세요.

MP3 듣기

Child	Here comes the fire truck! Wee-o wee-o!	소방차가 나가신다! 엥~ 엥~!
Adult	Welcome to the car wash!	세차장에 어서 오세요!
	Oh no, the fire truck is so dirty.	이런, 소방차가 너무 더러워요.

강조 여러 형용사를 강조해 들려주세요.

Child	Fire truck needs a car wash!	소방차가 세차가 필요해요!
Adult	Go through the car wash.	세차장 속으로 들어가요.
Child	Yay! The fire truck is all clean.	와! 소방차가 깨끗해졌네.
	Thank you! Good-bye.	고맙습니다! 안녕히 계세요.

BONUS

Which vehicle is this? 이건 어떤 종류의 차인가요?

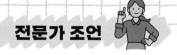

24개월 전후부터 아이들은 세차장 방문, 소풍, 생일파티처럼 매일 겪지는 않지만 일상 속의 특별한 경험들을 재현하는 가상놀이를 하기 시작합니다. 이를 통해 아이들은 매일 반복되는 일상에서 더 나아가 넓은 세상에 대한 인지를 쌓으며 다양한 환경을 이해할 수 있게 되지요. 확장되는 아이의 인지와 함께 그에 상응하는 언어 표현을 배울 때 더욱 풍성한 언어발달의 시너지 효과를 얻을 수 있습니다. 단, 한국에서는 한국어로 경험을 하기 때문에 한국어로 놀이를 진행하는 것이 아이에게 더욱 편하고 익숙하게 느껴질 거예요. 아이가 한국어로 충분히 맥락이나 표현을 이해했다면 아이의 반응에 따라 언어의 비율을 조절하며 영어로 하나씩 바꿔보세요.

12

What did the dog see?

강아지가 무엇을 봤어?

| 적정 연령 | 36~60개월 |
| 준 비 물 | 없음 |

이야기 이어가기 놀이

라운드 로빈 게임과 비슷한 놀이입니다. 아이와 번갈아 한 문장씩 말하며 하나의 재밌는 이야기를 만들어보세요. 가족이나 반려동물 등 아이에게 친숙한 소재로 시작해도 좋고, 아이가 즐겨 읽는 동화나 그림책을 소재로 이야기를 완성해도 좋습니다.

놀이 포인트

한 사람이 먼저 이야기를 시작합니다. 그다음 사람이 이어서 이야기에 내용을 하나 더 추가합니다. 그리고 또 다음 사람이 이어서 또 다른 내용을 추가합니다. 이런 식으로 차례대로 이야기를 계속해서 연결합니다. 세상에서 가장 재밌는 우리 아이만의 이야기를 만들어보세요.

MP3 듣기

Adult	Once upon a time, there was a little dog.	옛날 옛적에 작은 강아지 한 마리가 살았어요.
멈추고 기다림 아이가 충분히 생각하고 대답할 수 있도록 기다려주세요.		
Child	The little dog was hungry.	작은 강아지는 배가 고팠어요.
Adult	The little dog was hungry, so he went to a restaurant.	작은 강아지는 배가 고파서 음식점에 갔어요.
Child	He went to a restaurant, and he ate people's food!	강아지가 음식점에 가서 사람들의 음식을 먹었어요!
Adult	He ate all the people's food, so everyone got angry.	강아지가 사람들의 음식을 다 먹어서 사람들이 화가 났어요.

BONUS

And then, what happened? 그다음에 어떻게 됐어?

LEVEL 2

놀이 포인트

만약 아이가 이야기를 이어가지 못하고 망설인다면 흐름에 어울리는 적절한 질문을 던져주세요. 아이가 다음 내용을 생각하며 끝까지 이야기를 이어갈 수 있도록 아낌없이 응원해주세요.

MP3 듣기

Adult	What was the dog doing?	강아지가 무엇을 하고 있었어?
	What did the dog see?	강아지가 무엇을 봤어?
	Where was the dog?	강아지가 어디 있었어?
	Where was the dog going?	강아지가 어디로 가고 있었어?
	Who did the dog meet?	강아지가 누구를 만났어?
	Who was at the restaurant?	음식점에는 누가 있었어?
	How did the dog feel?	강아지의 기분은 어땠어?
	How did the dog get there?	강아지가 그곳에 어떻게 갔어?
	Why did the dog eat people's food?	강아지가 왜 사람들의 음식을 먹었어?
	Why did the people get angry?	사람들이 왜 화가 난 거야?

BONUS

Maybe you can say⋯ "The little dog was hungry."
"작은 강아지가 배가 고팠어요."라고 말하는 건 어때?

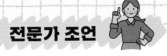

3세 이전의 아이들은 이야기를 전달할 때 서로 관련이 없는 사건들을 따로 따로 말하는 경향이 있습니다. 주제나 순서에 상관없이 본인에게 특별히 인상 깊었거나 기억에 남은 사건을 위주로 말하는 것이죠. 그러다 3세 이후부터 조금씩 사건과 사건을 순서대로 나열해 전달할 수 있게 됩니다. 가상 인물에 대한 이해도 생기지요. 더불어 이야기의 시작과 끝이 있다는 사실도 이해하기 시작합니다. 하지만 논리적 또는 인과적으로 사건을 연결지어 표현하는 능력은 3~6세 기간 동안 점차적으로 습득이 되어 6세 이후가 되어서야 비로소 완성됩니다. 따라서 이 시기에는 아이가 이야기의 모든 내용을 기억하고 연결하도록 이끌기보다 아이가 현재 표현할 수 있는 내용을 토대로 시간적 또는 인과적으로 연결된 내용을 조금씩 추가하며 점차적으로 확장시켜주는 것이 도움이 됩니다.

13

Would you rather⋯?

너는 차라리 ~할래?

| 적정 연령 | 36~60개월 |
| 준 비 물 | 없음 |

사고 확장 놀이

밸런스 게임을 해본 적 있나요? 재밌고 신박한 질문에 대한 두 가지 선택지 중에서 하나를 고르는 게임입니다. 미국 초등학생들이 자주 하는 놀이 중 하나예요. 단지 재밌기만 한 놀이 같은데 학습 효과가 굉장히 뛰어나답니다. 굉장히 자기 생각과 의견을 종합해 합리적인 선택을 하고, 그 이유를 논리적으로 설명해야 하거든요. 분명 우리 아이에게도 좋은 언어 자극이 될 거예요.

🚗 **놀이 포인트**

첫 단계에서는 "Would you rather…?" 패턴을 반복하며 간단하고 직관적인 선택지를 제시합니다. 특히 어린아이일수록 눈에 보이지 않는 대상을 선택하는 건 추상적인 개념이라 어려울 수 있어요. 아이가 특별히 좋아하는 것 위주로 선택지를 제시해 흥미를 이끌어주세요.

MP3 듣기

Adult	Would you rather eat a strawberry or a banana?	너는 차라리 딸기를 먹겠어 아니면 바나나를 먹겠어?
	강조 선택지의 표현을 천천히 강조해서 들려주세요.	
Child	I would rather eat a banana.	나는 차라리 바나나를 먹겠어요.
Adult	Would you rather play with a dog or a cat?	너는 차라리 강아지와 놀겠어 아니면 고양이와 놀겠어?
	Would you rather ride an airplane or a boat?	너는 차라리 비행기를 타겠어 아니면 배를 타겠어?

BONUS

I would rather…. 나는 차라리~.
I would rather eat a strawberry. 나는 차라리 딸기를 먹겠어.

놀이 포인트

아이의 영어 말하기 수준이 한 낱말을 넘어 낱말 조합 또는 문장 표현까지 가능한가요? 그렇다면 첫 단계처럼 명사와 명사로 대조하는 방법(…a dog or a cat?)에서 한 단계 난이도를 높여볼게요. 동사를 포함한 구와 구를 대조하는 방법으로 표현해봅시다(…drink carrot juice or eat a carrot cake?). 아이도 한 낱말보다 조금 더 긴 문장으로 대답할 수 있도록 이끌어주세요.

MP3 듣기

Adult	Would you rather drink carrot juice or eat a carrot cake? Would you rather fly in the sky or swim in the water? Would you rather live with a monkey or live with a pig?

너는 차라리 당근 주스를 마시겠어 아니면 당근 케이크를 먹겠어? 너는 차라리 하늘을 날겠어 아니면 물에서 헤엄치겠어? 너는 차라리 원숭이와 살겠어 아니면 돼지와 살겠어?

인지력이 높은 아이라면 'Why?' 질문을 통해 사고력을 더욱 넓혀주세요. 만약 아이가 자신의 선택에 대한 이유를 영어로 표현하기 어려워한다면, 먼저 'Because' 접속사를 사용한 복문으로 모델링해주세요.

Adult	Eat a carrot cake! Because I like cake. **강조** 'Because'를 강조해서 들려주세요. I would rather eat a carrot cake because I like cake. I would rather eat a carrot cake because I like cake better than juice.

당근 케이크를 먹겠어! 왜냐하면 난 케이크를 좋아하거든. 나는 차라리 당근 케이크를 먹겠어. 왜냐하면 난 케이크를 좋아하거든. 나는 차라리 당근 케이크를 먹겠어. 왜냐하면 나는 주스보다 케이크를 더 좋아하거든.

BONUS

I see. 그렇구나.
That's interesting. 흥미롭네.
That makes sense. 말 되네.

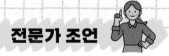

전문가 조언

아이의 언어와 인지가 발달함에 따라 표현할 수 있는 문장의 길이도 늘어납니다. 언어 습득의 초기 단계에서는 명사나 동사와 같은 한 낱말 표현이 주를 이루다가 점차 명사와 동사를 조합해 표현합니다. 그러다 결국 '주어+동사+목적어'와 같은 문장 형태에 이르게 되지요.

주로 문장 형성의 초기 단계에서는 주어와 동사를 결합해 문장을 만드는 것(Baby eat(s); Baby's eating)이 먼저 이루어지지만, 점점 '주어+동사+목적어'와 같은 영어의 어순을 만들어가는 과정으로 '동사+목적어(eat a banana)'를 결합하기도 합니다. 반면 '주어+목적어+동사'의 어순을 따르는 한국어와 차이가 있기 때문에 다양한 단어의 조합을 이해하고 사용해볼 수 있는 기회를 주는 것은 언어를 확장해나가는 데 도움이 됩니다. 특히 'A or B?'와 같은 표현의 선택권을 제시하는 문장은 아이가 들은 표현을 바로 사용해볼 수 있는 기회를 제공해줍니다.

14

After school, eat a cup.
학교 끝나고 컵을 먹어요.

| 적정 연령 | 36~60개월 |
| 준 비 물 | 의자 2개, 끈, 상자 2개, 인형, 그림카드 |

시제 어휘 놀이

인형을 가지고 우스꽝스러운 상황극을 해볼 거예요. 인형이 학교에 가기 전과 인형이 학교를 다녀온 후에 이상한 것들을 먹게 하는 놀이인데요. 'before/after' 시제 개념을 자연스럽게 익힐 수 있답니다. 아이와 번갈아 한 문장씩 말하며 즐거운 상호작용을 해보세요.

🚗 놀이 포인트

의자 두 개 사이를 끈으로 연결합니다. 한쪽 의자에는 'Home' 상자를 놓고, 다른 쪽 의자에는 'School' 상자를 놓습니다. 빨래집개를 사용해 그림카드를 빨랫줄에 걸어주세요. 자, 이제 부모님의 지시에 따라 아이가 인형을 가지고 그림카드를 떼어 먹어요. 먼저 "Before you go to school…" 표현으로 시작해보세요.

MP3 듣기

Adult

Before you go to school, eat a chair.

강조 'Before'를 충분히 강조해서 들려주세요.

학교에 가기 전에 의자를 먹어요.

Before you go to school, eat a book.

학교에 가기 전에 책을 먹어요.

Before you go to school, eat a ball.

학교에 가기 전에 공을 먹어요.

BONUS

That's it! Now, time to go to school! 그게 다야! 이제 학교 갈 시간이야!

놀이 포인트

이번에는 인형이 방과 후 집으로 돌아가는 길입니다. "After school…" 표현으로 놀이를 시작해주세요. 학교에서 집으로 가는 길에도 이상한 음식을 먹는 놀이를 진행합니다. 인형이 학교 또는 집에 도착하면 과거형 'ate'를 사용해 먹었던 음식에 대해 이야기를 나눠보세요.

MP3 듣기

Adult	After school, eat a cup.	학교 끝나고 컵을 먹어요.
	강조 'After'를 충분히 강조해서 들려주세요.	
	After school, eat a bear.	학교 끝나고 곰을 먹어요.
	After school, eat a carrot.	학교 끝나고 당근을 먹어요.
	What did he eat?	무엇을 먹었니?
Child	He ate a cup. He ate a bear.	컵을 먹었어요. 곰을 먹었어요.
	And he ate a carrot!	그리고 당근도 먹었어요!

BONUS

That is so silly. 너무 웃기다.
He must have a stomach ache! 친구는 아마 배탈이 났을 것 같아!

시제 개념은 아이가 생활 속에서 여러 상황을 이해하고 인지하는 데 도움을 줍니다. 뿐만 아니라 학업 환경 속에서도 여러 규칙과 지시 그리고 문맥을 이해하는 데에도 아주 중요하고 필요한 개념이지요. 특히 'before~(~하기 전에)'와 'after~(~하고 나서/~한 다음에)'의 개념은 다양한 생활 공간이나 학업 환경에서 자주 사용되는 시제 표현이자 동시에 추상적이고 어려운 개념이에요. 그렇기 때문에 이와 같은 재미있는 놀이를 통해 집중적으로 의미를 배우면 시제 개념을 더 쉽고 빠르게 습득할 수 있습니다.

미국 언어치료사가 추천하는 언어발달 영어책

무발화에서 발화로 가는 단계라면

❶ 《GoodNight, Moon》

Margaret Wise Brown, Clement Hurd

"Goodnight, __"이라는 짧은 표현을 반복적으로 사용하며 일상 속 다양한 사물의 어휘를 배울 수 있어요.

❷ 《Brown Bear, Brown Bear, What Do You See?》

Bill Martin Jr, Eric Carle

리듬감 있는 문장의 반복으로 다양한 동물들을 재미있게 소개해요.

❸ 《Good Night, Gorilla》

Peggy Rathmann

아이와 함께 동물에게 손을 흔들어 인사해보세요. 아이가 신나 할 거예요. "uh oh!"와 같은 재밌는 감탄사로 흥미를 더할 수도 있어요.

❹ 《First 100 Words》

Priddy Baby

사실적인 사진으로 꽉 차 있어 다양한 일상 어휘를 쉽게 익힐 수 있어요.

❺ 《If You See a Kitten》

John Butler

반복적인 표현의 패턴뿐 아니라 재미있는 의성어와 감탄사가 가득해 따라 말하기 좋아요.

❻ 《Little Blue Truck》

Alice Schertle, Jill McElmurry

문제와 해결이 있는 재미있는 스토리 안에서 여러 동물의 소리를 모방할 수 있어요. 그림 속에서 동물을 찾아보며 어휘의 이해도가 높아져요.

221

⑦ 《Dear Zoo》

Rod Campbell

플랩북으로 동물 어휘에 대한 기대감을 높이고 동물과 연관된 묘사어를 함께 배울 수 있어요.

⑧ 《Press Here》

Herve Tullet

책을 두드리고 흔들며 아이와 풍부한 상호작용을 주고받을 수 있어요.

⑨ 《Peek-a Who?》

Nina Laden

'Peek-a-boo'와 라임되는 여러 가지 재미있는 단어들을 그림을 통해 유추해보며 쉽게 익힐 수 있어요.

⑩ 《Ten Tiny Toes》

Caroline Jayne Church

여러 가지 신체 어휘와 연관된 행동을 놀이 형태로 따라 해볼 수 있어요.

⑪ 《Where is Baby's Belly Button?》

Karen Katz

플랩북으로 간단한 where 질문에 답하며 여러 신체 어휘를 위치 어휘(under, behind)와 함께 찾아볼 수 있어요.

⑫ 《Moo, Baa, Fa La La La La!》

Sandra Boynton

귀엽고 유머스러운 그림들을 보며 여러 동물 소리를 배워볼 수 있어요.

⑬ 《The Pout-Pout Fish》

Deborah Diesen

감정이 다양한 'Pout-Pout Fish'에게 말을 걸며 다양한 표정을 함께 지어보고 의미를 이해해봅니다.

⑭ 《Yummy, Yucky》

Leslie Patricelli

간단한 문장 패턴을 반복하며 맛있는 음식과 먹을 수 없는 음식을 아이와 함께 생동감 있게 표현해볼 수 있어요.

낱말에서 문장으로 가는 단계라면

① 《Don't Push the Button!》

Bill Cotter

페이지마다 따라야 하는 지시사항을 통해 아이와 상호작용을 주고받으며 표현의 이해를 높일 수 있어요.

② 《Blue Hat, Green Hat》

Sandra Boynton

두 단어를 조합해 사용하며 여러 색깔과 의류 어휘를 배울 수 있어요.

222

❸ 《Where's Spot?》

Eric Hill

강아지 Spot을 찾으며 위치 전치사(under the··· behind the···)를 사용해 여러 where 질문에 답할 수 있어요.

❹ 《The Going to Bed Book》

Sandra Boynton

일상적인 활동들을 아이와 함께 손짓, 몸짓, 행동으로 재미있게 표현해볼 수 있어요.

❺ 《We're Going on a Bear Hunt》

Michael Rosen, Helen Oxenbury

아이와 함께 제시된 문장들을 노래로 부르며 여러 종류의 의태어를 사용해볼 수 있어요.

❻ 《I Went Walking》

Sue Williams, Julie Vivas

여러 동사 어휘를 현재진행형과 과거형으로 들려줄 수 있어요.

❼ 《From Head to Toe》

Eric Carle

"Can you···?", "I can···" 등의 문장 형태를 반복적으로 들으며 여러 동작을 수행해볼 수 있어요.

❽ 《Sheep in a Jeep》

Nancy Shaw

라임이 가득한 이야기 속에서 같은 주어(sheep)로 반복되는 간단한 문장의 형태에 익숙해질 수 있어요.

❾ 《Opposites》

Sandra Boynton

유머러스한 그림과 함께 여러 가지 형용사를 배우고, 반의어 개념을 익히며 어휘를 확장할 수 있어요.

❿ 《Pete the Cat: I Love My White Shoes》

Eric Litwin

이야기를 노래로 부르며 문장을 발화하고 형용사와 색깔 어휘를 익혀나가요.

⓫ 《Froggy Gets Dressed》

Jonathan London

의류 어휘와 신체 어휘를 다루고 있어 이를 활용해 간단한 문장으로 표현해볼 수 있어요.

⓬ 《That's Not My Chick···》

Usborne

부정어 'not'을 포함한 문장에 익숙해질 수 있어요.

⑬ 《Don't Tickle the Hippo!》

Usborn

Don't Tickle 시리즈는 촉감책으로 부정어 'don't'가 들어간 문장과 재미있는 소리들을 따라 해볼 수 있어요.

문장에서 이야기로 가는 단계라면

① 《There's a Monster in Your Book》

Tom Fletcher

두 단계의 지시사항들이 가득한 책을 통해 긴 문장을 이해하고 수행해볼 수 있어요.

② 《If You Give a Mouse a Cookie》

Laura Numeroff

꼬리에 꼬리를 무는 이야기로 'If'가 들어간 복문과 미래형 동사(will), 조동사(might)가 들어간 문장들에 익숙해질 수 있어요.

③ 《Are You My Mother?》

P.D. Eastman

엄마를 찾아 나서는 주인공의 여정을 함께 하며 'who, why, how'와 같은 질문들을 나눠볼 수 있어요.

④ 《There Is a Bird on Your Head》

Mo Willems

주인공 코끼리의 머리에서 어떤 일이 일어나고 있는지 돼지와 독자들은 알지만, 주인공만 모르는 상황을 재미있는 대화로 주고받을 수 있어요.

⑤ 《The Snowy Day》

Ezra Jack Keats

계절의 특성과 어휘, 문화 등을 잘 묘사하는 책으로 그림을 보고 다양한 추론을 해볼 수 있어요.

⑥ 《The Very Busy Spider》

Eric Carle

제각기 하고 싶은 것이 다른 동물들을 만나며 "Do you think the spider likes to…?"와 같은 열린 질문으로 책에 나와 있지 않은 더 깊은 생각을 표현해보도록 유도할 수 있어요.

❼ 《Llama Llama Red Pajama》

Anna Dewdney

이야기 전체가 현재형 동사로 이루어져 있어 동사 끝에 -s가 붙는 주어 동사의 수 일치 개념을 익히는 데 유익해요.

❽ 《Knuffle Bunny: A Cautionary Tale》

Mo Willems

문구는 간결하되 그림이 다채로워 그림과 이야기의 흐름에 대한 다양한 표현을 자발적으로 유도할 수 있어요.

❾ 《The Gruffalo》

Julia Donaldson

반복적인 라임 형태의 문장들을 재미있게 들으며 영어의 다양한 음운적 패턴에 익숙해질 수 있어요.

❿ 《My Truck is Stuck!》

Kevin Lewis, Daniel Kirk

여러 가지 라임을 풍성하게 들을 수 있어요.

⓫ 《Who Will Tuck Me in Tonight?》

Carol Roth

여러 동물들이 우스꽝스러운 방법으로 주인공을 재우려 시도하는 과정에서 "How would you feel if…?"와 같은 질문으로 아이가 감정과 생각을 표현해보도록 유도할 수 있어요.

⓬ 《The Rainbow Fish》

Marcus Pfister

주인공의 감정이 변화하는 흐름을 따라 캐릭터들의 감정과 생각을 추론하고 유추해볼 수 있어요.

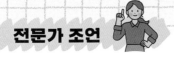

사실 아이에게 '어떤 책'을 읽어주는가보다 중요한 것이 바로 아이에게 책을 '어떻게' 읽어주는가예요. 아이를 책에 몰입시키고 상호작용을 극대화하며 언어촉진에 도움을 주려면 어떤 언어 자극 전략을 사용해야 할까요?

1. 대화식으로 책을 읽어요

책의 내용을 그대로 들려주는 것이 아니라 대화하듯 아이의 능동적인 참여를 유도하는 방법입니다. 책의 그림에 대한 코멘트를 던져보거나 아이의 생각을 유도하는 다양한 질문을 통해 주고받는 상호작용을 이어가 보세요. 아이에게 익숙한 문장은 아이가 끝을 채워보도록 유도하는 것도 좋아요. 많은 연구들에 따르면, 이러한 책읽기 방법은 아이가 언어를 이해하는 데 도움을 줄 뿐 아니라 표현력과 어휘 습득, 상위 언어 능력을 향상시키는 데 도움을 줍니다. 책의 언어 수준으로 아이를 이끌기보다 아이의 언어 수준에 맞춰 반응하고 확장해줌으로써 더욱 효율적으로 아이의 언어를 촉진시켜주세요.

2. 손짓, 몸짓, 제스처를 사용해요

책을 읽으며 다양한 제스처를 함께 보여주세요. 동물들이 나오는 책이라면 소리만 내는 게 아니라 동물을 흉내 내는 동작을 보여줘도 좋아요. 또 책에 나오는 캐릭터를 향해 손을 흔들며 인사를 하거나 책에 나오는 액

션을 몸으로 직접 보여주는 등 최대한 책의 내용을 생동감 있게 표현해줍니다. 책의 내용에 대한 이해를 도울 뿐 아니라 아이의 몰입과 흥미를 한층 더해줄 수 있어요.

3. 아이의 주도를 따라줘요

아이가 주도적으로 책을 고를 수 있게 해주세요. 또 책의 흐름을 따라가지 않더라도 아이가 관심 있어 하는 그림과 내용을 따라가도 괜찮습니다. 책은 아이에게 하나의 과제가 아닌 즐거움이 되어야 해요. 많은 부모님들이 알고 있지만 영어 원서와 같은 학습의 목적을 지닌 책을 접하게 되면 한 문장이라도 아이가 더 들어줬으면 하는 조급함이 어느새 올라옵니다. 하지만 책읽기의 목적은 학습이나 교육이 아니라 아이와의 상호작용과 즐거움에 있다는 것, 그것이 아이에게 가장 큰 동기가 된다는 것을 꼭 기억해주세요.

PART

3

지니쌤, 이것이 궁금해요

언어발달과
이중언어 Q&A

Q1
아이가 놀이에
관심을 보이지 않아요

"Do you want to play a game~?"

"이것 봐봐. 엄마가 재밌는 거 보여줄게."

행복한 아이의 얼굴을 떠올리며 열심히 준비한 놀이를 "짜잔~!" 하고 보여줍니다. 그런데 예상과 달리 아이가 시큰둥하거나 관심을 보이지 않는다고요? 잠시 관심을 보이며 따라오다가도 금세 흥미를 잃어 기운이 쭉 빠진다고요? 걱정하지 마세요. 영유아기 아이에게는 매우 자연스러운 현상이니까요. 이 시기에는 아이의 관심과 흥미가 매일 또는 매 순간 바뀝니다. 무엇보다 이 시기의 아이들은 아직 자기중심적인 사고가 강합니다. 부모가 옆에 있기를 바라지만 부모가 주도하는 놀이보다 자신이 흥미를 가지고 주도하는 놀이에 가장 깊이 몰두하지요.

아이들은 어른의 개입 없이 스스로 주도하는 놀이를 통해 창의력과 문제해결 능력, 끈기와 집행 기능 등 다양한 측면이 발달합니다. 더 나아가 인지가 확장되고 타인의 생각을 이해하게 되면서 더욱 구조화된 놀이뿐 아니라 타인이 이끄는 놀이에도 관심을 갖게 됩니다. 따라서 처음에는 아이가 스스로 주도하며 자유롭게 놀이를 이끌어가는 시간을 충분히 제공해주는 것이 매우 중요합니다.

그런데 영어 놀이는 특성상 어느 정도 갖춰진 구성을 따라야 합니다. 효과적인 언어 노출이 가능하도록 의도적·전략적으로 준비해야 하기 때문입니다. 하지만 부모가 아이에게 무언가를 가르쳐주려는 태도로 다가가는 순간 아이는 금세 눈치를 채고 흥미를 잃어버립니다. 영어 놀이가 어려운 학습이 아닌 즐거운 놀이 시간이 되려면 어떻게 해야 할까요? 다음의 네 가지 사항을 확인해보세요.

1) 현재 관심이 다른 곳에 있을 때

놀이에서 가장 중요한 건 아이를 관찰하는 거예요. 아이가 무엇을 하고 있는지, 어떤 놀이에 몰두하는지 등을 자세히 살펴야 합니다. 아이가 블록탑 쌓기에 집중하고 있을 때 새로운 놀이를 제안하면 어떻게 될까요? 현재 아이의 시선은 다른 곳을 향해 있기 때문에 관심을 돌리기 쉽지 않을 겁니다. 이럴 때는 억지로 놀이하지 마세요. 아이의 시간을 존중해주고, 대신 다른 시간을 활용해보세요.

하원 후 간식을 먹으며 'I only like fruits!(83쪽)' 놀이를, 잠들기 전 침대에 누워 'Hop like a bunny!(105쪽)' 놀이를 해보세요. 엘리베이터나 차 안 또는 식당에서 음식을 기다리는 동안 'I'm gonna getcha!(51쪽)', 'Would you rather…?(213쪽)' 놀이처럼 준비물이 없어도 가능한 말놀이를 하는 것도 좋습니다. 가정마다 최적의 놀이 시간은 다를 수 있으므로 가벼운 마음으로 시도하며, 아이가 관심을 갖기 시작하면 영어 놀이에 몰입하는 시간을 점차 늘려주세요.

2) 놀이 수준이 아이에게 맞지 않을 때

드디어 아이가 영어 놀이에 관심을 보입니다. 그런데 계속해서 놀이를 이어가지 못한다면? 놀이 수준이 아이에게 너무 낮거나 높지 않은지 살펴봐야 합니다. 예를 들어 문장을 구사할 줄 알며, 상상력이 넘치는 정교한 놀이 수준에 있는 4세 아이에게 'Peekaboo!' 놀이는 시시하게 느껴질 수 있습니다. 반대로 장난감 탐색 수준에 있는 1세 아이와 색칠공부 놀이를 하려고 한다면 이해는커녕 흥미도 갖지 못할 겁니다. 이처럼 언어발달 수준에 따라 아이가 흥미를 갖는 놀이도 달라집니다.

아이가 평소에 즐겨 하는 놀이가 무엇인지 주의 깊게 살펴보세요. 그리고 그와 비슷한 수준의 놀이를 제안하길 바랍니다. 평소 책상에 앉아 그림을 그리거나 만들기를 좋아하는 아이라면 'Mommy is cooking.(117쪽)', 'Color the leaves red.(185쪽)'같은 놀이를 시도해보세요. 반대로 움직이며 활동적으로 노는 것을 좋아하는 아이라면 'I'm gonna throw the ball!(71쪽)', 'Go through the tunnel.(165쪽)' 같은 놀이를 추천합니다. 반드시 아이의 언어적, 인지적 수준에 알맞은 놀이를 선택해 유연하게 적용해보길 바랍니다.

3) 영어에 익숙하지 않을 때

놀이에 대한 흥미는 있는데 영어를 거부하는 아이들은 아직 영어라는 언어에 익숙하지 않기 때문입니다. 우선 아이에게 편한 모국어로 평소 아이와 충분히 상호작용하고 있는지 생각해보세요. 놀이 시간뿐 아니라 식사 시간이나 목욕 시간 등 소소한 일상에서 아이와 눈을 맞추고 서로의 마음과 생각을 주고받고 있나요?

부모와 아이에게 가장 편한 모국어로 풍부한 상호작용을 나누는 것이 우선입니다.

그럼에도 불구하고 아이가 놀이를 거부하거나 한국어 사용을 고집한다면 먼저 한국어로 놀이를 시작해보세요. 아이가 놀이의 흐름을 이해하고 즐겁게 참여하기 시작하면 짧은 영어 표현부터 하나씩 들려주세요. 절대 일방적이거나 지시적인 놀이가 되지 않도록 유의해야 합니다. 아이가 충분히 이해하고 유추할 수 있는 맥락과 단서를 제공해야 합니다. 아이가 놀이보다 책이나 노래에 더욱 관심을 보인다면 책이나 노래를 중심으로 다가가는 것도 좋은 방법입니다. 조급하게 생각하지 말고, 잠시 노출을 멈췄다가 다시 적절한 타이밍을 찾아보세요.

4) 놀이에 익숙하지 않을 때

아이마다 기질과 성향이 다릅니다. 새로운 놀이를 반갑게 받아들이는 아이들이 있는 반면 익숙하고 자신 있는 놀이를 반복하는 것을 선호하는 아이들도 있습니다. 만약 아이가 새로운 놀이 자체를 거부한다면 의도적으로 아이에게 주도권을 넘겨주세요. 예를 들어 놀이를 시작하기 전에 준비물을 보여주며 탐색할 기회를 주거나 아이가 좋아하는 간단한 놀이를 여러 번 반복합니다. 아이가 주도적으로 시행하는 놀이의 흐름을 따라 조금씩 확장해보세요. 아이가 흥미를 갖고 몰두할 때 비로소 아이가 언어를 흡수할 수 있으니까요.

Q2
이중언어 노출,
일찍 할수록 좋은가요?

이중언어 노출에서 가장 중요한 것은 시기보다 방법입니다. 무조건 일찍 노출하는 게 유리한 것도 아니고, 그렇다고 늦게 하는 것이 더 좋다고도 할 수 없습니다. 아이가 속한 가정과 사회 환경, 언어 환경, 기질과 성향, 언어 역량, 이중언어 목적, 부모의 교육 가치관 등 다양한 측면을 고려해야 하기 때문이죠. 또한 언어는 환경과 필요에 따라 끊임없이 변화하므로 가장 적절한 시기에 대한 절대적인 공식이란 없습니다. 오히려 주시해야 할 점은 제2언어를 언제 시작하든 그 목적과 상황에 따라, '어떻게' 배우느냐에 따라 유익할 수도 방해가 될 수도 있다는 사실입니다.

아이들에게는 언어를 습득하는 '결정적 시기' 또는 '민감기'가 있다는 말을 들어본 적이 있을 겁니다. 사춘기 이후 새로운 언어를 배울 경우 어린 시절에 유연하게 습득하는 것보다 발음이나 표현력에 있어 불리하다는 것은 다수의 연구를 통해 입증된 사실입니다. 미국에서도 많은 다문화 가정 부모들에게 적극적으로 이중언어 환경을 독려하는 이유 중 하나이기도 하지요. 그러나 인간의 두뇌는 유연성을 지니고 있기 때문에 강력한 학습 동기가 있다면 성인이 되어서도 새로운 언어를 습득할 수 있는 잠재성이 있습니다. 또한 모국어 기반이 잘 다져진 경우 어릴 때 새로운 언어를 배우는 것보다 더 빠르고 효율적으로 습득할 수도 있지요.

아이를 어릴 때부터(대략 3세 이전) 이중언어 환경에 노출하는 것의 장점과 단점은 분명합니다. 다음 사항을 충분히 고려해 각 가정 환경에 적합한 전략을 세우길 바랍니다.

이른 이중언어 노출의 장점

- 생후 1년이 음운적 민감도가 가장 높다.
- 어릴수록 영어 발음의 미세한 차이를 분별하고 흡수하는 능력이 사춘기 이후보다 훨씬 뛰어나다.
- 소리 패턴, 문장 구성, 어휘 등의 통계가 쌓여 추후 더욱 정교한 언어 습득의 효율을 높여준다.
- 부모와의 상호작용 속에서 언어를 자연스럽게 습득할 수 있다.
- 쉬운 단계부터 천천히 쌓아갈 수 있다.
- 향후에도 다양한 언어와 문화를 더욱 편안하게 받아들인다.

이른 이중언어 노출의 단점

- 언어 능력을 유지하기 위해 꾸준한 노력이 필요하다.
- 부모가 제2언어에 능통하지 않을 경우 풍성한 인풋을 지속하기 어렵다.

- 전체 어휘의 양이 두 언어로 나뉘게 된다.

이처럼 어릴 때부터 이중언어 노출을 시작하는 것에 대한 장점도 명백합니다. 자연스럽게 또는 적당한 노력과 조율로 이중언어 환경을 만들 수 있다면, 또 아이가 성장할 미래 환경에서 꼭 필요한 능력이라고 판단된다면 이중언어를 일찍 노출하는 것이 아이에게 더욱 유익할 것입니다. 설사 부모가 완벽하게 구사할 수 있는 언어가 아니라 하더라도 아이들은 쉽고 짧은 표현을 통해 소통을 주고받는 법을 배우기 때문에 충분히 실현 가능합니다. 꾸준히 다양한 매체와 소통 환경을 접하면서 더욱 정교한 문법과 어휘를 습득할 수 있기 때문이죠.

부모의 완벽한 언어 표현보다 중요한 건 아이와 긍정적인 상호작용을 하고 정서적 교류를 주고받는 것입니다. 부모와 자녀 사이의 '언어'보다 중요한 것은 그들 사이의 '관계 형성'입니다. 아이들은 안정적인 유대감 속에서 주고받는 상호작용을 통해 소통의 즐거움과 자신감을 얻습니다. 그리고 그것이 아이의 꾸준한 소통과 발달의 원동력이 됩니다.

하지만 이중언어 환경이 아이나 부모에게 어렵고 지나친 부담과 스트레스를 가져다준다면 아이와 부모의 관계를 망칠 뿐 아니라 아이의 발달을 저해할 수 있습니다. 부모 외에 영어로 풍부한 대화를 나눌 대상이 없거나 상호작용이 적은 사회 환경에 있는 경우, 부모가 영어에 능통하지 않은 경우 인풋이 부족할 수 있다는 점도 고려해야 합니다. 게다가 아이가 성장하는 동안 언어적·사회적 환경은 유동적이기 때문에 꾸준한 노력과 유지가 필요하지요.

영어 교육만이 아이 인생의 성공길이라고 단정 지을 순 없습니다. 다음 사항을 고려해 우리 아이에게 꼭 필요한 최고의 언어 환경을 만들어주길 바랍니다.

느린 이중언어 노출의 장점

- 성장기 두뇌는 계속 새로운 세포를 생성한다. 두뇌 가소성에 따라 결정적 시기가 지난 후에도 경험과 동기에 따라 학습이 가능하다.
- 인지 능력과 모국어가 발달하면 제2언어, 제3언어가 효율적으로 습득된다.
- 학업 및 사회 환경에서 필요한 표현을 집중적으로 배울 수 있다.
- 내적 동기만 있다면 스스로 더 노력해볼 의지와 끈기가 생긴다.
- 어린 시기에 활발히 발달하는 다른 영역(인지와 모국어 능력)에 더 집중할 수 있다.

느린 이중언어 노출의 단점

- 모국어 체계와 다른 어휘 및 문법을 따로 학습해야 한다.
- 어린 시기보다 훨씬 높은 수준으로 언어를 표현해야 한다.
- 시간을 할애해야 할 다른 학업 요소들이 많다.

Q3
모국어가 성립될 때까지 기다려야 할까요?

모국어의 성립은 매우 중요합니다. 모국어 소리의 패턴을 익히는 것이 단어의 의미를 이해하는 것으로 이어지고, 단어의 의미를 이해함으로써 직접 표현할 수 있게 되지요. 다양한 표현이 쌓이면서 점차 단어와 단어를 연결 짓는 문법 요소들 또한 첨가할 수 있게 됩니다. 무엇보다 세상에 대한 이해의 폭이 넓어지고 인지가 발달함에 따라 더욱 정교한 문장과 이야기를 산출할 수 있게 되죠. 언어와 인지, 사회정서 등 여러 영역의 발달이 유기적으로, 균형적으로 발달하는 데 탄탄한 모국어 실력이 큰 역할을 합니다.

그렇지만 모국어가 성립될 때까지 기다려야만 다른 영역이 발달한다는 의미는 아닙니다. 물론 언어 장벽으로 원활한 의사소통 기회가 주어지지 않거나 언어를 자연스럽게 배워나갈 인지적 경험이 결여되면 발달에 부정적인 영향을 줍니다. 하지만 이러한 사회·정서·인지 경험들을 제2언어로 충분히 채워주고 있다면 아이는 자신의 발달 역량과 환경에 따라 훌륭하게 성장할 가능성이 높습니다.

미국의 이중언어 환경을 살펴보면, 모국어가 소수언어인 다문화 가정이 대다수입니다. 이런 이유로 모국어가 우선적으로 성립되는 것이 중요하다고 강조합니다. 아이가 성장할수록 학교와 커뮤니티에서 영어를 충분히 습득할 수 있는 환경이 뒷받침되기 때문에 어릴 때 모국어를 완성해야 이중언어의 이점을 누릴 수 있는 것이죠. 반면 한국의 경우는 다릅니다. 가정 외 환경에서 노출되는 제2언어(영어)의 양과 질이 미국과 같지 않습니다. 탄탄한 모국어 실력을 갖추는 것은 가능해도 어릴 때부터 이중언어를 배우며 누릴 수 있는 혜택은 적을 수밖에 없죠. 따라서 아이에게 이중언어가 중요한 경우라면 제2언어 노출을 위한 능동적이고 적극적인 노력이 필요합니다.

어휘는 주어진 맥락 안에서 습득할 수 있는 영역입니다. 집에서 식사하며 대화할 때 사용하는 어휘와 학교에서 선생님과 사용하는 어휘는 다릅니다. 한 맥락 안에서 특정 언어로 노출된 어휘는 같은 맥락 안에서 다른 언어로 노출되지 않고는 습득하기 어렵다는 걸 의미합니다. 따라서 가정에서 이중언어 환경을 목표로 할 경우 어떤 언어를 어떤 상황에서 노출해줄 것인지 전략적으로 접근할 필요가 있습니다. 만약 아이가 학업에 필요한 표현과 문법을 잘 따라가는 것이 목표라면 모국어의 풍성한 발달을 기반으로 학업에 필요한 영어를 시기에 맞게 배우는 것만으로도 충분합니다. 반대로 영어를 모국어처럼 하나의 언어로 습득해 어떤 환경에서도 유창하게 사용하는 것이 목표라면, 아이가 영어를 모국어와 같은 맥락과 상황 속에서 접할 수 있도록 기회를 꾸준히 제공해주는 것이 좋습니다.

Q4

말이 느린 아이, 이중언어에 노출시키면 더 힘들어할까요?

또래보다 말이 느린 우리 아이, 섣불리 제2언어에 노출시켰다가 모국어 발달까지 늦춰지는 건 아닐까. 모국어라도 제대로 성립시켜주기 위해 이중언어 노출 시기를 늦춰야 할까. 이런 고민을 하는 분들이 적지 않을 겁니다. 가정마다 언어 환경이 달라 사례는 다양하지만 우선 연구를 바탕으로 한 사실들은 이렇습니다.

연구에 따르면, 이중언어에 노출된 아기들과 단일언어에 노출된 아기들의 언어발달은 비슷한 시기에 이루어집니다. 옹알이를 시작하는 시기, 또 첫 발화First words와 단어 조합을 시작하는 시기 모두 이중언어든 단일언어든 거의 비슷하게 이루어집니다. 많은 경우 이중언어에 노출된 아이들이 사용하는 어휘 수가 단일언어인 아이들보다 적다고 하는데, 사실 그 차이는 크지 않습니다. 정상 범위 내에 있죠. 두 언어의 어휘 수를 모두 합쳐 비교하면 비슷하거나 이중언어에 노출된 아이들이 더 많습니다. 이러한 연구들이 공통적으로 이야기하는 건 이중언어는 언어

지연을 유발하는 직접적 요소가 아니라는 것입니다. 다시 말해 이중언어에 노출시켰다고 해서 아이에게 혼동을 주거나 모국어 발달이 더 늦어지는 건 아니라는 뜻이지요.

이중언어 환경과 단일언어 환경에서 각각 언어 지연(발달 장애)을 가진 아이들을 비교했을 때도 이중언어에 노출된 아이에게서 더 큰 언어 지연이 나타나진 않았습니다. 즉, 언어 지연이 있는 아이들이 이중언어에 노출된다고 해도 추가로 언어 지연이 발생하지 않는다는 것입니다. 마찬가지입니다. 말이 느린 아이라도 이중언어든 단일언어든 언어발달 자체에는 큰 차이가 나지 않습니다.

따라서 아이가 이중언어를 배워야 하는 상황(예를 들어 해외 거주 가정, 부모가 한국말만 하는 경우이거나) 또는 이중언어를 배울 수 있는 상황(예를 들어 가정 또는 사회에서 이중언어 노출이 가능한 경우)이라면, 언어발달이 느린 아이라도 이중언어에 노출시키는 것으로 추가적인 언어 지연이 일어나지 않습니다. 이런 이유로 현재 미국 언어치료학은 아이의 언어발달에 상관없이 이중언어 환경을 적극적으로 지지하는 입장입니다.

그렇다고 언어 지연이 있는 아이들이 이중/다중언어를 쉽게 습득할 수 있다는 말은 아닙니다. 다른 아이들보다 모국어를 습득하는 데 더 많은 지원이 필요한 것처럼 이중/다중언어를 배울 때도 더 많은 시간과 노력이 필요합니다. 어린 시기에 노출하든 나중에 노출하든 마찬가지이지요.

이러한 연구 결과를 차치하더라도, 언어는 부모와 아이의 관계를 연결해주는 한 가정의 문화이자 소통의 도구라는 점에서 신중히 고려할 여지가 있습니다. 언어는 하나의 과목에 그치는 것이 아니라 의사소통 수단이자 타인과의 사회관계를 형성하기 위한 필수 도구라는 전제하에서, 말이 느린 아이도 언제든 자신의 삶과 미래에 중요한 언어를 배울 수 있고 배울 자격이 있습니다. 단지 말이 늦다는 이유로 아이가 마땅히 누려야 할 언어의 기회를 빼앗는 것은 아닌지 고민해볼 필요가 있습니다. 기억할 것은 어떤 언어든 노출된 언어의 양과 질이 풍성할 때 언어발달이 가장 효과적으로 이루어진다는 점입니다. 특히 영유아기 아이들은 부모와의 안정적인 애착 관계 안에서 긍정적인 상호작용이 이루어지는 것이 가장 중요합니다.

Q5
영어와 한국어를
섞어서 말해도 괜찮을까요?

　　미국에서 만난 이중언어 환경의 부모님들은 "아이에게 두 언어를 혼용해서 말하면 아이가 헷갈려 하지 않을까요?"라고 질문합니다. 아이에게 도움이 됐으면 하는 마음에 두 언어를 사용하는 것인데 오히려 아이의 언어 발달을 저해하는 건 아닌지 걱정될 겁니다. 실제로 아이들이 대화 중에 영어와 한국어를 자연스럽게 바꿔가며 사용하는 경우가 있습니다. 해외에 거주하거나 다개국어 가정에서 흔히 일어나는 현상이죠. 이런 현상을 '코드 믹싱Code-mixing'이라고 합니다.　예를 들면 "Water 마실래?", "엄마, 나 내일 I wanna go to the park.", "우리 밥 먹자. I made curry!"와 같은 표현을 사용합니다.

　　다수의 연구에 따르면, 코드 믹싱은 이중언어 발달에 있어 극히 자연스러우며 대부분 일시적으로 나타나는 현상입니다. 오히려 다양한 감정과 의사를 표현하도록 돕거나 상황과 맥락에 따라 언어를 자유자재로 전환할 수 있는 능력을 나타내는 요소이기도 하지요. 따라서 부모가 두 가지 언어를 섞어서 표현하는 것이 그 가정의 문화와 환경 속에서 자연스러운 경우, 아이의 이중언어 습득에 부정적인 영향을 주지 않습니다. 오히려 아이가 두 문화와 언어를 더 잘 배우고 활용하는 데 도움을 주지요.

두 가지 언어를 섞어서 표현할 때 이점

- 두 개 언어의 이해를 도울 수 있다.
- 다른 언어의 어휘를 빌려 더 정확한 의사전달을 할 수 있다.
- 정서적으로 더 깊이 교감할 수 있다.
- 아이의 흥미와 집중이 유지된다.
- 특정한 내용이나 어휘를 강조할 수 있다.

반면 한 언어를 일관되게 사용하는 것이 더 적합한 상황도 있습니다. 코드 믹싱은 발달적으로 자연스럽고 일시적인 현상이지만 꼭 사용해야 하는 것은 아닙니다. 일부 연구에서는, 어른도 아이도 마찬가지로 한 문장 안에서 언어가 섞여 표현됐다면 이 언어들을 이해하고 처리하는 데 더 많은 인지적 자원이 할애된다고 보고했습니다. 즉, 이중언어자가 하나의 언어를 뇌에서 처리할 때 다른 언어를 억제Inhibit해야 하므로 단일언어자보다 생각하는 시간이 조금 더 필요하다는 겁니다. 또 30개월 아이들이 한 문장 안에 두 언어가 섞인 문장을 들었을 때 새로운 어휘의 습득이 어려운 반면, 하나의 언어로 된 문장을 들었을 때는 습득이 가능했다는 연구도 있습니다. 적어도 한 문장 안에서 두 언어를 섞지 않는 것이 언어 습득에 훨씬 유리하다고 볼 수 있죠.

코드 믹싱은 주로 격식 없는 편안한 대화 상황에서 사용하게 되는데요. 학교 수업이나 발표, 어른과의 대화 등 격식을 갖춰야 하는 자리에서는 한 가지 언어를 일관되게 사용하는 것이 좋습니다. 아이들은 생각보다 어린 나이 때부터 환경과 대화 상대에 따라 언어를 구분할 수 있는 능력을 갖고 있습니다. 이중언어에 꾸준히 노출된 아이들은 빠르면 2세에서 3세만 되어도 화자에 따라 언어를 선택해 사용할 수 있는 능력이 생깁니다. 일관된 경험을 통해 스스로 코드 믹싱을 조절하는 능력 또한 키워갈 수 있지요.

부모가 소수언어^{Minority language}, 즉 커뮤니티에서 사용되지 않는 언어를 아이에게 노출하고 싶은 경우 두 언어를 자주 섞는 것보다 소수언어를 일관되게 사용하는 것이 언어 노출과 집중력 향상 측면에서 큰 도움이 됩니다. 똑같은 말을 한 번은 영어, 한 번은 모국어로 바로 직역해서 대화하는 방법은 언어발달과 학습에 도움이 되지 않습니다. 예를 들어, "Did you eat? 밥 먹었어?"라고 말하는 식이죠. 이것을 '지속적 언어 전환^{Constant code switching}'이라고 하는데요. 아이들은 자신에게 더 우세한 언어(모국어)에 치우쳐 듣게 되고, 비교적 취약한 언어는 무시^{Tune-out}하는 경향이 있습니다. 지나치게 반복되는 언어 전환은 단어나 문장의 의미 자체에만 집중하게 되므로 전체적인 흐름의 이해를 놓치기도 쉽죠. 표현의 이해를 돕거나 내용을 강조하기 위한 의도로 한 번씩 같은 표현을 바로 직역해 표현해주는 것은 좋지만, 가능한 한 상황별로 일관된 언어를 사용하거나 더 자연스러운 언어 변환(똑같은 말을 반복하는 것보다 다른 표현으로 부가 설명)을 하는 것이 더욱 좋습니다.

가장 중요한 것은 바로 '자연스러운 대화'입니다. 부모의 언어 특성, 문화적 특성, 아이의 필요와 이해 그리고 부모와 자녀간의 관계에 따라 가장 적합한 언어를 자연스럽게 선택해야 합니다. 그것이야말로 언어가 섞이든 섞이지 않든 아이에게 가장 알맞는 언어 노출이라고 볼 수 있습니다.

영어 말문이
Talk Talk!

놀이는 더 재밌게, 표현은 더 유창하게 만들어줄 영어 표현을 만나보세요.

Hop like a bunny!

106page

동물 동작 어휘

- **Hop like a bunny**
  토끼처럼 깡충깡충 뛰기

- **Buzz like a bee**
  벌처럼 윙윙 소리 내기

- **Roll like a pig**
  돼지처럼 구르기

- **Stomp like an elephant**
  코끼리처럼 쿵쿵 걷기

- **Crawl like a bear**
  곰처럼 기어가기

- **Stretch tall like a giraffe**
  기린처럼 키 늘이기

- **Roar like a lion**
  사자처럼 으르렁대기

- **Purr like a cat**
  고양이처럼 가르랑거리기

- **Walk like a crab**
  꽃게처럼 걷기

- **Chomp like an alligator**
  악어처럼 쩝쩝 씹기

- **Bounce like a kangaroo**
  캥거루처럼 껑충껑충 뛰기

- **Waddle like a penguin**
  펭귄처럼 뒤뚱뒤뚱 걷기

- **Gallop like a horse**
  말처럼 질주하기

- **Walk slow like a turtle**
  거북이처럼 느릿느릿 걷기

- **Slither like a snake**
  뱀처럼 스르르 기어가기

- **Wiggle like an octopus**
  문어처럼 꿈틀꿈틀 움직이기

- **Jump high like a cricket**
  귀뚜라미처럼 높이 뛰기

- **Fly like a bird**
  새처럼 날기

- **Swing like a monkey**
  원숭이처럼 흔들흔들 매달리기

- **Flutter like a butterfly**
  나비처럼 날개를 파닥이기

- **Swim like a fish**
  물고기처럼 수영하기

- **Clap like a seal**
  물개처럼 박수치기

- **Run fast like a cheetah**
  치타처럼 빨리 달리기

- **March like an ant**
  개미처럼 행진하기

Put it in his bag.

123page

소유격 대명사(his, her, their)

Adult   Whose cellphone is this?   이건 누구 휴대폰이지?

Child   The girl's.   여자아이요.

Adult   It's her cellphone! Put it in her bag.   여자아이의 휴대폰이구나! 가방 안

          강조&모델링 대명사 'her'를 강조하며 손으로 가리켜주세요.   에 넣어주자.

목적격 대명사(him, her, them)

Adult   Who should we give the socks to?   양말은 누구에게 줄까?

Child   The family!   가족이요!

Adult   Oh, give it to them?   아, 가족에게 줄까?

          강조&모델링 대명사 'them'을 강조하며 손으로 가리켜주세요.

Child   Yes, give it to them.   네, 가족에게 줘요.

Adult   Okay, give the socks to them.   그래, 가족에게 양말을 주자.

Step only on the circles.

131page

더욱 재밌는 미션

- **Stand on one foot.**
  한 발로 서요.
- **Balance on one leg.**
  한 발로 서서 균형을 잡아요.
- **Raise your arms.**
  팔을 올려요.
- **Sit down.**
  앉아요.
- **Wave your hands.**
  손을 흔들어요.
- **Shake your head.**
  머리를 흔들어요.

- **Sing a song.**
  노래를 불러요.
- **Do a chicken dance.**
  닭춤을 춰요.
- **Touch your toes/nose/head/ears/etc.**
  발/코/머리/귀 등을 만져요.
- **Tap your shoulders/belly/legs/head/etc.**
  어깨/배/다리/머리 등을 톡 쳐요.

Cook some food!

142page

주방 놀이 표현

- **Blow on the food.**
  음식을 불어요.
- **Eat the banana.**
  바나나를 먹어요.
- **Drink some juice.**
  주스를 마셔요.
- **Boil the soup.**
  국을 끓여요.
- **Lick the lollipop.**
  사탕을 핥아요.
- **Fry the vegetables.**
  채소를 튀겨요.
- **Take a bite!**
  한 입 베어먹어요!
- **Flip over the eggs.**
  달걀을 뒤집어요.
- **Wipe the table.**
  식탁을 닦아요.

- **Mix it together.**
  같이 섞어요.
- **Clean the floor.**
  바닥을 닦아요.
- **Stir the milk.**
  우유를 저어요.
- **Do the dishes.**
  설거지를 해요.
- **Pour it in the bowl.**
  그릇에 부어요.
- **Dry the dishes.**
  그릇을 말려요.
- **Let it cool.**
  식혀요.
- **Open/Close the lid.**
  뚜껑을 열어요/닫아요.
- **Put the utensils away.**
  식기구를 정리해요.

5

You found a flower!

170page

크기

Child	I see a branch!	나뭇가지가 보여요!
Adult	Yay, you found a branch!	와, 나뭇가지를 찾았네!
Child	I found a branch.	나뭇가지 찾았어요.
Adult	Yeah. You found a long branch.	그래. 긴 나뭇가지를 찾았네.

동작

Adult	Look! There's an airplane!	저기 봐! 비행기가 있네!
Child	Oh, airplane!	아, 비행기다!
Adult	The airplane is flying up in the sky.	비행기가 하늘을 날고 있어.

촉감

Adult	Do you see any leaves?	나뭇잎이 보이니?
Child	There are leaves under the tree.	나무 밑에 나뭇잎이 있어요.
Adult	I see that. I wonder how it feels.	보인다. 촉감이 어떨까 궁금하네.
Child	It feels smooth.	부드러워요.
Adult	It does feel smooth. It's a smooth leaves.	그렇네, 부드럽다. 부드러운 나뭇잎이네.

What do you see?

191page

What color is it? 무슨 색이야?

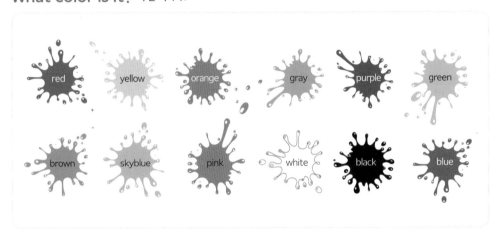

What shape is it? 무슨 모양이야?

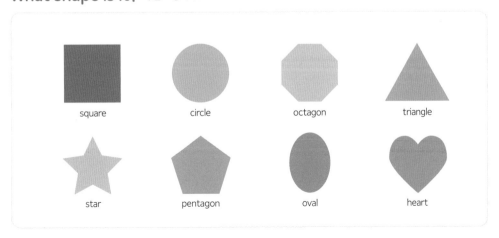

How big is it? 얼마나 크니?

Big · Medium · Small

How does it feel? 촉감은 어때?

- **rough**
  거친
- **slippery**
  미끄러운
- **foamy**
  거품 같은
- **soft**
  부드러운
- **smooth**
  매끈한
- **fluffy**
  솜털 같은
- **bubbly**
  거품이 많은
- **sticky**
  끈적거리는
- **bumpy**
  울퉁불퉁한
- **mushy**
  곤죽 같은
- **sharp**
  뾰족한
- **scratchy**
  따끔거리는

What letter does it start with? 어떤 글자로 시작해?

A B C D E F G ⋯ X Y Z

Where is it? 어디에 있니?

- **next to**
  바로 옆에
- **between**
  사이에
- **under**
  아래에
- **inside**
  안에
- **in front of**
  앞쪽에
- **behind**
  뒤에
- **on top of**
  위에

What do you do with it? 뭐 하는 물건이야?

- **open**
  여는
- **cook**
  요리하는
- **play**
  놀이하는
- **put on/take off**
  입는/벗는
- **close**
  닫는
- **eat**
  먹는
- **sit on**
  앉는
- **bring it to school**
  학교에 가져가는

What kind of item is it? 어떤 종류의 물건이니?

- **furniture**
  가구
- **food**
  음식
- **clothing**
  옷
- **school supplies**
  학용품
- **animal**
  동물
- **appliance**
  가전제품
- **toy**
  장난감

일상 표현과
발화 초기 어휘 목록

식사 시간, 놀이 시간, 목욕 시간 등 상황별 일상 대화로 영어 실력을 키워보세요.

식사 시간

언어 자극 포인트: 음식 이름 들려주기

하루 세 번, 간단한 문장 표현을 반복하며 풍성한 대화를 나눠보세요. 아이가 먹고 마시는 음식의 이름을 들려줌으로써 단어의 정확한 이해를 돕고 더욱 효과적으로 발화를 이끌어낼 수 있습니다.

Adult	Time for breakfast/lunch/dinner!	아침/점심/저녁 시간이야!
Child	Have a seat./Take a seat.	앉으세요.
Adult	Here is your soup.	네 국은 여기 있어.
	And here is daddy's soup.	그리고 아빠 국은 여기 있어.
Child	Mm, the soup is yummy/delicious!	음, 국이 참 맛있어요!
Adult	Do you want some more soup?	국 좀 더 먹을래?
Child	I want more soup, please!	국 좀 더 주세요!
	I'm going to get some more soup!	국을 좀 더 가져 와야지!
Adult	Do you like the soup?	국 맛있니?
	How do you like the soup?	국 맛이 어때?
	Soup is my favorite!	난 국이 제일 좋아!
	What's your favorite?	너는 뭐가 제일 좋니?
	Did you spill some soup? Let's wipe it off.	국을 흘렸니? 닦자.
	Be careful. It's hot.	조심하렴. 뜨거우니까.
	Do you need a spoon/fork/chopsticks/water?	숟가락/포크/젓가락/물이 필요하니?
	Are you all done?	다 먹었니?
	Are you all done with your soup?	국 다 먹었니?

 **음식 이름**

- **Rice**
  밥
- **Rice balls**
  주먹밥
- **Noodles**
  국수
- **Seaweed soup**
  미역국
- **Beef radish soup**
  소고기뭇국
- **Fried rice**
  볶음밥
- **Fried~**
  ~볶음
- **Fried potatoes**
  감자볶음
- **Steamed~**
  ~찜
- **Steamed eggs**
  달걀찜
- **(Korean) Pancake**
  전
- **Porridge**
  죽
- **Meat**
  고기
- **Beef**
  소고기
- **Chicken**
  닭고기
- **Pork/Pork belly**
  돼지고기/삼겹살

- **Fish**
  생선
- **Meatball**
  동그랑땡
- **Tofu**
  두부
- **Pork cutlet**
  돈가스
- **Sausage**
  소시지
- **Fishcake**
  어묵
- **Seafood**
  해물
- **Shrimp**
  새우
- **Squid**
  오징어
- **Anchovy**
  멸치
- **Clam**
  조개
- **Dried laver**
  김
- **Rice cake**
  떡
- **Dumpling**
  고기만두
- **Bread**
  빵
- **Egg**
  달걀

- **Vegetable**
  채소
- **Squash/Zucchini**
  호박/애호박
- **Green onion**
  파
- **Onion**
  양파
- **Potato**
  감자
- **Carrot**
  당근
- **Broccoli**
  브로콜리
- **Spinach**
  시금치
- **Mushroom**
  버섯
- **Cabbage**
  양배추
- **Bean sprouts**
  콩나물
- **Radish**
  무
- **Bok choy**
  청경채
- **Corn**
  옥수수
- **Cucumber**
  오이
- **Fruit**
  과일

- **Strawberry**
  딸기
- **Tangerine/Oranges**
  귤
- **Grape**
  포도
- **Persimmon**
  감
- **Apple**
  사과
- **Peach**
  복숭아
- **Pear**
  배
- **Cantaloupe/Melon**
  멜론
- **Plum**
  자두

* 한국 고유 음식은 한국어 이름 그대로 말해요.

불고기 **bulgogi** │ 김치 **kimchi** │ 짜장면 **jajangmyeon** │ 잡채 **japchae** │ 김밥 **kimbap** │ 반찬 **banchan**

2

간식 시간

언어 자극 포인트: 맛, 식감, 촉감 어휘 들려주기

식사 시간보다 더 여유롭게 맛을 음미하는 시간입니다. 아이가 좋아하는 간식일수록 맛, 식감, 촉감 등 음식의 다양한 속성에 대해 이야기할 때 관심과 대화가 더욱 풍성해질 거예요.

Adult	Do you want a snack?	간식 먹을래?
	Which one do you want? Apples or crackers?	어떤 거 줄까? 사과 아니면 과자?
	What does it look like?	어떤 모양이니?
Child	It looks like a boat.	배 모양이에요.
Adult	What does it feel like?	촉감은 어떠니?
Child	It feels hard and crunchy.	딱딱하고 바삭해요.
Adult	How does it taste?	맛은 어떠니?
Child	It tastes very sweet.	달콤해요.
Adult	What does it smell like?	냄새는 어떠니?
Child	It smells like candy.	사탕 냄새 같아요.
Adult	You can eat with your spoon/fork.	넌 숟가락/포크로 먹을 수 있어.
	All gone! No more crackers.	다 먹었네! 이제 과자 없다.

식감, 질감에 관한 어휘

- **Soft**
  푹신한
- **Hard**
  딱딱한
- **Smooth**
  부드러운
- **Rough**
  까칠한
- **Mushy**
  곤죽 같은
- **Sticky/Gooey/Slimy**
  끈적거리는
- **Tender**
  연한/부드러운
- **Tough**
  질긴

- **Crumby**
  부스러기가 많이 떨어지는
- **Watery**
  묽은
- **Stale**
  퀴퀴한, 신선하지 않은
- **Creamy**
  크림같이 부드러운
- **Chewy**
  쫄깃한
- **Oily/Greasy**
  기름기가 많은/느끼한
- **Dry**
  건조한
- **Moist/Juicy**
  촉촉한

- **Grainy/Gritty**
  오돌토돌한
- **Hot**
  뜨거운
- **Cold**
  차가운
- **Cool/Cooled down**
  식은
- **Warm**
  따뜻한
- **Crunchy/Crusty/Crispy**
  바삭한

 맛에 관한 어휘

- **Sweet**
  달콤한
- **Sour**
  신
- **Bitter**
  쓴
- **Salty**
  짠
- **Savory**
  감칠맛 나는

- **Spicy**
  매운
- **Fresh**
  상큼한
- **Rich**
  풍부한
- **Bland**
  싱거운
- **Flavorful**
  풍미 있는

- **Yummy/Delicious/Great/Amazing/Heavenly**
  맛있는
- **Yucky/Terrible/Horrible/Bad/Gross**
  맛없는

놀이터

아이가 마음껏 뛰어노는 상황에서 듣고 말하는 언어 표현은 아이에게 가장 효과적으로 스며듭니다. 놀이기구의 다양한 이름과 함께 아이가 즐길 수 있는 여러 동작 표현을 나눠보세요.

Adult	Where do you want to play?	어디에서 놀래?
	What do you want to do?	뭐 하고 싶어?
	Do you want to go on the slide?	미끄럼틀 탈래?
	Let's go on the swing!	그네 타자!
	Push? Do you want me to push you?	밀어줘? 내가 밀어줄까?
Child	Push!	밀어요!
Adult	You are going up so high!	엄청 높이 올라가네!
Child	Up up up! Climb up the wall.	위로 위로 위로! 벽을 타고 올라가요.
Adult	Hold on tight! Hold on to the rail/handle.	꽉 잡아! 손잡이를 잡으렴.
	Can you balance?	균형 잡을 수 있니?
	Try to balance!	균형을 한번 잡아봐!
	Let's take turns.	차례를 지키자.
	Wait for your turn.	네 차례를 기다리렴.
	You need help.	도움이 필요하구나.
Child	Help, please! I need help.	도와주세요! 도움이 필요해요.
Adult	Did you fall down?	넘어졌어?
	You got hurt./You got an owie/a boo-boo.	다쳤구나.
	You hurt your knee.	무릎을 다쳤구나.

동작 어휘

- **Climb up/Go up**
  올라가다
- **Climb down/ Come down**
  내려오다
- **Walk**
  걷다
- **Run**
  뛰다
- **Run away**
  도망가다

- **Spin**
  돌다/회전하다
- **Jump**
  점프하다
- **Hide**
  숨다
- **Sit**
  앉다
- **Balance**
  균형을 잡다
- **Kick**
  발로 차다

- **Throw**
  던지다
- **Catch**
  잡다
- **Push**
  밀다
- **Pull**
  끌어당기다
- **Hold on**
  매달리다
- **Let go**
  놓아주다

 놀이기구 어휘

- **Slide**
  미끄럼틀
- **Swing**
  그네
- **Seesaw**
  시소
- **Balance beam**
  평균대
- **Climbing wall**
  암벽 타기

- **Tunnel**
  터널
- **Monkey bars**
  구름사다리
- **Climbers**
  정글짐/타고 올라가는 기구들
- **Sandbox**
  모래사장
- **Spring riders**
  흔들목마

- **Bridge**
  구름다리
- **Pull-up bars**
  철봉
- **Still rings**
  링 철봉
- **Climbing rope**
  외줄타기
- **Merry-go-around/ Spinner**
  회전기구

감탄사

- **Wee!**
  슝!
- **Whoa~**
  워~
- **Uh-oh!**
  아이쿠!
- **Wow~**
  우와~
- **Oops/Oopsie**
  이런

4

산책&등하교 시간

언어 자극 포인트: 눈앞에 보이는 것들 묘사하기

산책을 하거나 집에 걸어갈 때 나무, 놀이터, 도서관, 마트, 소방차, 경찰차 등 집에서는 볼 수 없는 것들을 발견할 수 있어요. 날씨부터 시작해 건물, 거리, 사람, 자연 등 눈에 보이는 것들을 어떻게 표현하는지 알려주세요.

Adult	A tree!	나무다!
Child	Hi, tree.	나무, 안녕.
Adult	You see a bird.	새가 보여.
Child	It's flying away. Bye-bye, bird!	날아가요! 새, 안녕!
Adult	Look at the pink flowers.	분홍색 꽃 좀 봐.
Child	So pretty.	너무 예뻐요.
Adult	Look! There is a cute puppy.	저기 봐! 귀여운 강아지네.
Child	It's so cute.	너무 귀여워요.
Adult	Wow, that's a tall building!	우와, 높은 빌딩이다!
Child	This one is short.	이건 낮아요.
Adult	You found a stick!	나뭇가지를 찾았구나!
Child	It's a long stick.	긴 나뭇가지예요.
Adult	Do you hear the motorcycle?	오토바이 소리 들려?
Child	Vroom vroom!	부릉부릉!

| Adult | The leaves feel crunchy. | 낙엽이 바스락거리네. |
| Child | Crunch crunch! | 바스락 바스락! |

| Adult | We are going to the library. | 우리는 도서관에 갈 거야. |
| | We are going to borrow some books. | 책을 빌릴 거야. |

| Adult | There's a hair salon. | 저기 미용실이 있네. |
| | You can get your hair done at the hair salon. | 미용실에서는 머리를 할 수 있지. |

Adult	Brr. It's cold out today.	부르르, 오늘 밖이 춥다.
	Everyone has their coats on.	다들 외투를 입었네.
Child	It's a sunny day today.	오늘 날씨가 좋아요.

 묘사할 때 자주 쓰는 형용사

- **Red**
  빨강
- **Blue**
  파랑
- **Yellow**
  노랑
- **Orange**
  주황
- **Pink**
  분홍
- **Green**
  초록
- **Black**
  검정
- **White**
  하양
- **Purple**
  보라

- **Brown**
  갈색
- **Big/Huge**
  큰
- **Tall**
  큰/높은
- **Long**
  긴
- **Cute**
  귀여운
- **Clean**
  깨끗한
- **Small/Little**
  작은
- **Short**
  작은/짧은
- **Broken**
  부러진

- **Pretty**
  예쁜
- **Dirty/Yucky**
  더러운
- **Loud**
  소리가 큰
- **Wet**
  젖은
- **Heavy**
  무거운
- **Fast**
  빠른
- **Bright**
  밝은
- **Quiet**
  조용한
- **Dry**
  건조한/마른

- **Light**
  가벼운
- **Slow**
  느린
- **Dark**
  어두운
- **Slippery**
  미끄러운
- **Bumpy**
  울퉁불퉁한
- **Muddy**
  진흙의
- **Steep**
  가파른
- **Crunchy**
  바삭바삭한

장소 어휘

- **Fire station**
  소방서
- **Police station**
  경찰서
- **Library**
  도서관
- **Hair salon**
  미용실
- **Bank**
  은행
- **Store/Shop**
  가게

- **Coffee shop**
  커피숍
- **Bus station**
  버스정류장
- **School**
  학교
- **Hospital**
  병원
- **Pharmacy**
  약국
- **Grocery store**
  마트

- **Office**
  회사
- **Restaurant**
  음식점
- **Playground**
  놀이터
- **Subway station**
  지하철
- **Academy**
  학원

날씨 관련 어휘

- **Sunny**
  맑은
- **Cloudy**
  흐린
- **Rainy**
  비 오는
- **Snowy**
  눈 내리는
- **Stormy**
  폭풍우가 몰아치는
- **Nice**
  좋은
- **Hot**
  더운

- **Warm**
  따뜻한
- **Windy**
  바람 부는
- **Foggy**
  안개 낀
- **Cold**
  추운
- **Freezing**
  많이 추운
- **Chilly**
  쌀쌀한
- **Cool**
  선선한

- **Humid**
  습한
- **Dry**
  건조한
- **Drizzling**
  비가 살짝 오는
- **Pouring**
  비가 많이 오는
- **Gloomy**
  어둑어둑한
- **Muggy**
  후텁지근한
- **Sprinkling**
  이슬비가 내리는

5

목욕시간

언어 자극 포인트: 일상 동작 어휘와 신체 어휘 강조하기

신체 어휘를 쉽고 재미있게 배울 수 있어요. 큰 신체 부위 어휘부터 시작해 점차 세세한 신체 부위 어휘로 확장해 보세요. 노래하듯 멜로디를 넣어 들려주면 언어 자극 효과가 더욱 커집니다.

Adult	Bath time!/Time to take a bath.	목욕 시간!/목욕할 시간이야.
Child	Turn on/off the water.	물을 틀어요./잠가요.
Adult	I'm gonna get some soap.	비누를 쓸게.
Child	Wash wash~.	씻자 씻자~.
Adult	Wash the face.	얼굴을 씻자.
Child	Scrub scrub.	쓱싹쓱싹.
	Scrub the toes.	발가락을 문질러요.
	Splash Splash!	첨벙첨벙!
	Splash the water.	물을 첨벙거려요.
	Pop the bubbles!	비눗방울을 터뜨려요!
	Pop pop.	뽕뽕.
Adult	Arms up! Put your arms up.	팔을 들자! 팔을 들어주세요.
	Let's rinse your body.	몸을 헹구자.
	All clean./Squeaky clean./Nice and clean.	아, 깨끗해.
	Let's dry your arms/belly/legs with a towel.	팔/배/다리를 수건으로 닦자.
Child	Dry dry.	닦자 닦자.
Adult	Time to brush/blowdry your hair.	머리를 빗을/말릴 시간이야.
Child	Brush brush.	쓱쓱.

🎵 신체 어휘

- **Face**
  얼굴
- **Hair**
  머리카락
- **Arms**
  팔
- **Legs**
  다리
- **Hands**
  손
- **Feet**
  발
- **Belly/Stomach**
  배
- **Back**
  등
- **Bottom/Butt**
  엉덩이
- **Neck**
  목

- **Fingers**
  손가락
- **Toes**
  발가락
- **Eyes**
  눈
- **Nose**
  코
- **Ears**
  귀
- **Mouth**
  입
- **Cheeks**
  볼
- **Forehead**
  이마
- **Chin**
  턱
- **Belly button**
  배꼽

- **Knees**
  무릎
- **Shoulders**
  어깨
- **Armpit**
  겨드랑이
- **Elbow**
  팔꿈치
- **Thighs**
  허벅지
- **Calves**
  종아리
- **Wrist**
  손목
- **Ankle**
  발목

🎵 동작 어휘

- **Wash**
  씻다
- **Scrub**
  문지르다
- **Clean**
  닦다
- **Rinse**
  헹구다
- **Dry**
  말리다
- **Brush/Comb**
  빗다
- **Blow-dry**
  드라이어로 머리를 말리다

- **Turn on**
  켜다
- **Turn off**
  끄다
- **Take a bath**
  목욕하다
- **Splash**
  첨벙첨벙하다
- **Pop (the bubble)**
  (비눗방울을) 터뜨리다
- **Stand up**
  서다
- **Sit down**
  앉다

- **Put up**
  올리다
- **Put down**
  내리다
- **Get in**
  들어가다
- **Get out**
  나오다
- **Pour**
  붓다
- **Dump out**
  쏟아버리다

6

옷 갈아입기

언어 자극 포인트: 놀이식 상호작용으로 참여 유도하기

옷을 갈아입는 동안 아이의 행동과 상황을 말로 표현하며 상호작용의 기회를 만들어보세요. "Uh oh!", "Oops!", "Ta-da!" 등 재미있는 의성어와 의태어로 아이의 참여를 이끌어주세요.

Adult	Let's get dressed!	옷 갈아입자!
	What do you want to wear today?	오늘 뭐 입을래?
	What kind of shirt do you want?	어떤 윗옷을 입을래?
	The flower shirt or the car shirt?	꽃무늬 티셔츠 아니면 자동차 티셔츠?
	Put on your shirt!	윗옷을 입자!
	Let's put your socks on.	양말을 신자.
	Where do socks go?	양말은 어디에 신지?
Child	Yes! On my feet!	맞아! 발에 신어요!
Adult	Uh-oh. It's inside-out!	이런. 뒤집어졌네!
Child	Flip it over! Whoop!	뒤집어요! 슝~!
Adult	Put your arms through.	팔을 넣자.
Child	Uh-oh. my foot is stuck!	아이쿠! 발이 끼었네!
Adult	Pull~! Ta-da. There's your foot.	당겨~! 짜잔. 발 여기 있네.
Child	Oh no! Where is my head?	이런! 머리가 어디 갔지?
Adult	Peekaboo! There it is.	까꿍! 여기 있네.

옷 관련 어휘

- **Shirt**
  윗옷
- **Sweater**
  스웨터
- **Cardigan**
  가디건
- **Tank top**
  민소매
- **Long sleeve**
  긴소매
- **Short sleeve**
  반소매
- **Pants**
  바지

- **Shorts**
  반바지
- **Jeans**
  청바지
- **Skirt**
  치마
- **Dress**
  드레스
- **Socks**
  양말
- **Shoes**
  신발
- **Hat**
  모자

- **Gloves**
  장갑
- **Jacket**
  겉옷
- **Coat**
  외투
- **Pajamas**
  잠옷
- **Underwear**
  속옷
- **Tights**
  타이츠

미국에서 더 유명한
0~5세 처음 영어

초판 1쇄 발행 · 2024년 5월 10일
초판 2쇄 발행 · 2024년 10월 18일

지은이 · 황진이
발행인 · 이종원
발행처 · (주)도서출판 길벗
출판사 등록일 · 1990년 12월 24일
주소 · 서울시 마포구 월드컵로 10길 56(서교동)
대표 전화 · 02)332-0931 | **팩스** · 02)323-0586
홈페이지 · www.gilbut.co.kr | **이메일** · gilbut@gilbut.co.kr

기획 및 책임편집 · 이미현(lmh@gilbut.co.kr) | **마케팅** · 이수미, 장봉석, 최소영 | **유통혁신** · 한준희
제작 · 이준호, 손일순, 이진혁 | **영업관리** · 김명자, 심선숙, 정경화 | **독자지원** · 윤정아

교정교열 · 장문정 | **디자인** · 정윤경 | **일러스트** · 솜땅 | **인쇄** · 교보피앤비 | **재본** · 신정문화사

ISBN 979-11-407-0933-5 (03590)

(길벗 도서번호 050199)

독자의 1초까지 아껴주는 정성 길벗출판사

(주)도서출판 길벗 | IT교육서, IT단행본, 경제경영서, 어학&실용서, 인문교양서, 자녀교육서 www.gilbut.co.kr
길벗스쿨 | 국어학습, 수학학습, 어린이교양, 주니어 어학학습, 학습단행본 www.gilbutschool.co.kr